FORSCHUNGSBERICHTE DES LANDES NORDRHEIN-WESTFALEN

Nr. 2479

Herausgegeben im Auftrage des Ministerpräsidenten Heinz Kühn
vom Minister für Wissenschaft und Forschung Johannes Rau

Prof. Dr.-Ing. Friedrich Eichhorn
Dr.-Ing. Kurt Niederhoff
Institut für Schweißtechnische Fertigungsverfahren
der Rhein.-Westf. Techn. Hochschule Aachen

Untersuchungen zur Wärmebeeinflussung des Werkstoffs durch technologische, geometrische und werkstoffspezifische Größen beim Lichtbogenschweißen

Westdeutscher Verlag 1975

Gesamtherstellung: Westdeutscher Verlag

ISBN-13: 978-3-531-02479-0 e-ISBN-13: 978-3-322-88286-8
DOI: 10.1007/978-3-322-88286-8

INHALTSVERZEICHNIS **Seite**

Seite

FORMELZEICHEN UND ABKÜRZUNGEN

Schweißen:

U	V	Schweißspannung
I	A	Schweißstromstärke
v_s	cm/min	Schweißgeschwindigkeit
Q	kJ/s	Lichtbogenleistung
E	kJ/cm	Streckenenergie
WEZ		Wärmeeinflußzone
A	Nahtformkennzeichen	Auftragraupe (Blindnaht)
V	Nahtformkennzeichen	V-Naht
K	Nahtformkennzeichen	Kehlnaht (T-Stoß)
T_o	^oC	Arbeits- bzw. Vorwärmtemperatur
d	cm	Blechdicke

Temperaturmessung:

ϑ_{max}	^oC	gemessene Spitzentemperatur
$\Delta t_{\vartheta > 800\ ^oC}$	s	Verweilzeit oberhalb 800^oC
$\Delta t_{8/5}$	s	Abkühlzeit von 800 - 500^oC
$\Delta t_{8/3}$	s	Abkühlzeit von 800 - 300^oC

Berechnung des Temperaturverlaufs:

T	^oC	Temperatur
T_o	^oC	Anfangstemperatur ≙ Arbeits- bzw. Vorwärmtemperatur
t	s	Zeit
x, y, z		rechtwinklige Raumkoordinaten
c	J/g ^oC	spezifische Wärme
ρ	g/cm^3	Dichte
λ	J/cm s ^oC	Wärmeleitfähigkeit

a	cm^2/s	Temperaturleitzahl
d	cm	Blechdicke
E	J/cm	Streckenenergie
$\Delta t_{T_1 - T_2}$	s	Abkühlzeit im Temperaturintervall von T_1 bis T_2
d_o	cm	Übergangsblechdicke

Kalorimetrische Messungen:

E_K	kJ	dem Werkstück zugeführte bzw. im Kalorimeter aufgenommene Wärmemenge
E_{el}	kJ	in Wärme umgesetzte elektrische Energie
W	$kJ/^oC$	Wasserwert des Kalorimeters
c_w	$J/g\ ^oC$	spezifische Wärme von Wasser
$\Delta \vartheta_K = T_2 - T_1$	^oC	Temperaturerhöhung im Kalorimeter infolge Wärmeaufnahme
T_1	^oC	Temperatur vor Wärmeaufnahme
T_2	^oC	Temperatur nach Wärmeaufnahme
T_{1k}	^oC	Temperatur vor Wärmeaufnahme (korrigiert)
T_{2k}	^oC	Temperatur nach Wärmeaufnahme (korrigiert)

1. EINFÜHRUNG IN DIE PROBLEMSTELLUNG

Der Lichtbogenschweißprozeß stellt eine örtliche Wärmeeinwirkung dar, die zum Aufschmelzen von Grund- und Zusatzwerkstoff führt und im benachbarten nicht aufgeschmolzenen Grundwerkstoff infolge von Umwandlungs- und Ausscheidungsvorgängen Gefügeveränderungen hervorruft. Außerdem entstehen infolge Schrumpfungsbehinderung, örtlicher Gefügeumwandlung sowie örtlicher plastischer Deformationen Schweißeigenspannungen im Nahtbereich.

Die Gefügeveränderungen in der Wärmeeinflußzone (WEZ) und die daraus resultierenden veränderten Eigenschaften sind abhängig von der chemischen Zusammensetzung des Werkstoffs, dem Ausgangsgefügezustand und dem zeitlichen Temperaturverlauf.

Der zeitliche Temperaturverlauf wird bei den Lichtbogenschweißverfahren durch eine große Zahl von Einflußgrößen mehr oder weniger stark beeinflußt:

1. Wärmeeinbringung, abhängig von:
   a) Wahl der Schweißparameter (Schweißstromstärke, -spannung, -geschwindigkeit)
   b) Verfahrenseinflüssen, z.B. unterschiedlicher Lichtbogenwirkungsgrad aufgrund Umhüllungscharakter und -dicke beim Schweißen mit Stabelektrode, Art des Schutzgases beim Schutzgasschweißen usw.

2. Geometrische Bedingungen der Wärmeableitung:
   Blechdicke, Nahtform und Anordnung der Fügeteile, Lage der Einzelraupe bei der Mehrlagenschweißung, Bauteilabmessung und Ort der Schweißstelle im Bauteil, Länge der Schweißnaht.

3. Vorwärm- bzw. Arbeitstemperatur:
   Vorwärmen des ganzen Bauteils oder nur teilweise, zeitliche Folge der Ausführung der Einzellagen bei der Mehrlagenschweißung.

4. Wärmeleitfähigkeit des Werkstoffs.

Um unerwünschte Eigenschaften in der WEZ allgemeingültig vorhersagen und somit vermeiden zu können, bedarf es der Lösung folgender Problemkomplexe:

1. Es muß der zeitliche Temperaturverlauf in der WEZ der Schweißverbindung in Abhängigkeit aller ihn beeinflussenden Größen und für beliebige in der Praxis vorkommende Kombinationen dieser Einflußgrößen bekannt oder berechenbar sein.

2. Es müssen die Zusammenhänge zwischen dem zeitlichen Temperaturverlauf in der WEZ und den Eigenschaften des Gefüges im Hinblick auf das Betriebsverhalten der Verbindung geklärt sein.

Eine Lösung beider Probleme wird um so notwendiger, je mehr der Trend zu ständig steigenden Anforderungen an das Zähigkeits- und Festigkeitsverhalten der Stähle geht, weil die Empfindlichkeit moderner hochfester Stähle auf werkstoffgerechte Temperaturführung beim Lichtbogenschweißen größer ist als bei herkömmlichen Massenbaustählen und nur engere Toleranzen erlaubt.

2. TEMPERATURVERLAUF BEIM SCHWEISSEN - STAND DER FORSCHUNG

Über den Temperaturverlauf in Abhängigkeit der Einflußgrößen beim Schweißen liegen heute zahlreiche Forschungsergebnisse vor, von denen die wichtigsten im Schrifttum ausgewiesen sind [1 - 50]. Die intensive Forschung auf diesem Gebiet ist verständlich, wenn man bedenkt, welchen Einfluß Werkstoffveränderungen in der Wärmeeinflußzone einer Schweißnaht auf die Brauchbarkeit der gesamten Schweißkonstruktion unter Betriebsbelastung haben. Eine Auswertung der in der Literatur erschienenen Ergebnisse und Methoden der Schweißbarkeitsprüfung macht das deutlich. Das Interesse konzentriert sich dabei fast ausschließlich auf die Gefügeeigenschaften und das Umwandlungsverhalten in der WEZ [21, 56 - 75]. Da die Umwandlung und damit die Gefügeveränderung in der WEZ außer von der chemischen Zusammensetzung und der Ausgangsstruktur von den Austenitisierungsbedingungen (Temperatur und Zeit) bzw. dem Austenitzustand und den Abkühlbedingungen abhängt, müssen diese bekannt sein.

Die allgemeine Kenntnis des Temperaturverlaufs in Abhängigkeit der Einflußgrößen ist somit von großer Wichtigkeit. Die hierüber veröffentlichten Arbeiten lassen sich am zweckmäßigsten nach Methode und Zielsetzung einteilen. An Methoden sind die rechnerische Behandlung [1 - 16] und die experimentelle Ermittlung des Temperaturverlaufs [17 - 50] zu nennen.

Die rein rechnerischen Lösungen basieren auf der allgemeinen Differentialgleichung der Wärmeleitung. Ausgehend von bestimmten Modellvorstellungen, in Kapitel 5 näher betrachtet, werden allgemeine bzw. für spezielle Anwendungen gültige Lösungen hergeleitet.

Unterscheidet man bei experimentellen Arbeiten nach Zielsetzungen, so lassen sich diese grob folgendermaßen untergliedern:

1. Grundlegende Untersuchung, z.B. Aufzeigen der Abhängigkeit des Temperaturverlaufs von den Einflußgrößen [17, 22 - 48].

2. Überprüfung und der Versuch, die zu ungenauen mathematischen Lösungen durch die Ermittlung von Korrekturfaktoren für bestimmte bzw. allgemeine Anwendungsfälle und -bereiche anwendbar zu machen [15 - 20, 44].

3. Untersuchungen über die faktormäßige Einbeziehung solcher Einflußgrößen auf den Temperaturverlauf, die aufgrund der vereinfachenden Modellannahmen in den mathematischen Lösungen nicht berücksichtigt sind [3, 21, 22, 46, 47]; dies sind z.B. Nahtform und Stoßart der Bauteile.

4. Temperaturmessungen im Rahmen von Untersuchungen, die eine Klärung des Zusammenhangs zwischen Temperaturverlauf und Gefügebeschaffenheit bzw. mechanisch-technologischen Eigenschaften des Gefüges oder das Studium des Umwandlungs- und Ausscheidungsverhaltens der Stähle unter der Einwirkung des Schweißtemperaturverlaufs zum Ziel haben [21 - 23, 32 - 35, 44 u.a.].

Aus dieser Gliederung ist zu erkennen, daß nur Teilziele angestrebt bzw. erreicht wurden. Das eigentliche Ziel - die Kenntnis oder Berechenbarkeit des Temperaturverlaufs beim Lichtbogenschweißen für beliebige Schweißbedingungen - blieb bisher unerreicht.

Primär angestrebt wurde dieses Ziel in den Arbeiten, die sich damit befaßten, die bekannten rechnerischen Lösungen durch ein System von variablen und konstanten Korrekturfaktoren anwendbar zu machen. Es liegen jedoch keine Ergebnisse vor, die als zufriedenstellend im Sinne einer umfassenden Lösung angesehen werden könnten. Dies gilt auch für zwei erst kürzlich veröffentlichte Arbeiten [18, 19]. Einer der wesentlichsten Gründe dafür ist wohl in dem erheblichen experimentellen Aufwand bei einer systematischen Untersuchung des sehr komplexen Problems zu suchen. Dadurch bedingt sind trotz einer Zahl durchgeführter Arbeiten noch immer nicht alle Grundlagen erarbeitet worden. Dies wiederum mußte gerade bei den Bemühungen, mathematische Lösungen durch experimentell bestimmte Korrekturfaktoren anwendbar zu machen [17 - 19], dazu führen, daß bestimmte Einflüsse über- oder unterbewertet oder bei der experimentellen Ermittlung gar nicht berücksichtigt wurden. Deshalb konnten auch die Gültigkeitsbereiche der Korrekturfaktoren nicht realisitsch bewertet werden.

Vergleicht man ganz allgemein experimentelle Arbeiten, so lassen sich oft erhebliche Unterschiede zwischen Ergebnissen feststellen, denen scheinbar gleiche Bedingungen zugrunde liegen. Die Gründe dafür können oft nicht erkannt werden.

In nicht wenigen Arbeiten werden, entweder in Unkenntnis oder von dem Gedanken einer Reduzierung des Versuchsaufwandes getragen, unzulässige Vereinfachungen gemacht [31], Versuchsbedingungen zu einseitig gewählt oder nicht vollständig angegeben.

Umfangreiche experimentelle Arbeiten über grundlegende Abhängigkeiten von den Einflußgrößen wurden in Japan [27 - 31] und in Deutschland [44] durchgeführt. In den japanischen Arbeiten werden die Ergebnisse zum Teil für den Praktiker dadurch leichter nutzbar, indem sie geschlossen in Nomogrammform dargestellt sind.

Aus dem Aufbau solcher Nomogramme werden jedoch auch unzulässige Vereinfachungen sichtbar. Zum Beispiel wird die Wärmeeinbringung grundsätzlich nur in einfacher Form durch die Streckenenergie ($U \cdot I/v_s$) beschrieben. Morich widmete den Schweißdaten Strom, Spannung und Schweißgeschwindigkeit besondere Aufmerksamkeit [44] und stellte eine auch in anderen Arbeiten erwähnte unterschiedliche Wirkung dieser gleichwertig im Produkt der Streckenenergie enthaltenen Einzelgrößen fest, weshalb diese Größe als nur bedingt brauchbar anzusehen ist. Eine systematische Untersuchung der Streckenenergie stand noch aus und wurde im Rahmen dieses Forschungsprogrammes durchgeführt.

3. AUFGABENSTELLUNG UND ZIELSETZUNG

Die schon sehr früh begonnenen Bemühungen [1, 2] um eine analytische Lösung, durch die eine hinreichend genaue Berechnung des zeitlichen Temperaturverlaufs in Abhängigkeit der Einflußgrößen möglich sein sollte, und auch die zahlreichen nachfolgend durchgeführten theoretischen und experimentellen Untersuchungen haben bis heute noch zu keinem abschließenden Ergebnis geführt. Deshalb haben die bisherigen Ergebnisse nur wenig Eingang in die Praxis gefunden.

Die vorliegende Arbeit wurde daher von dem übergeordneten Ziel geleitet, nach umfangreichen grundlegenden Untersuchungen am Ende ein stark reduziertes und somit aufwandmäßig vertretbares experimentelles Versuchsprogramm aufstellen zu können, nach dessen Durchführung mit hinreichender Genauigkeit Kenndaten des Temperaturverlaufs für die gebräuchlichen Lichtbogenverfahren in der gesamten Verfahrensbreite der Schweißparameter sowie in Abhängigkeit sämtlicher Einflußgrößen der Wärmeableitung dem Praktiker zur Verfügung stehen würden.

Eine wesentliche Ursache für Abweichungen in scheinbar unter gleichen Bedingungen ermittelten Versuchsergebnissen ist in den den Meßort betreffenden unterschiedlichen Methoden der Temperaturmessung zu suchen. Da hierüber keine ausreichenden Kenntnisse vorliegen, wurde zunächst der Einfluß des Meßortes auf den Temperaturverlauf untersucht.

In vielen experimentellen Arbeiten werden die Veränderungen des Temperaturverlaufs nur durch eine Kenngröße, oft nur durch die Abkühlgeschwindigkeit bei einer Temperatur, beschrieben. Dabei wird nicht beachtet, daß der zeitliche Temperaturverlauf nicht nur quantitativen, sondern auch qualitativen Veränderungen unterliegt und folglich die Beschreibung durch nur eine Kenngröße nicht ausreichend ist. Da heute noch keine endgültige Klarheit über das Umwandlungs- und Ausscheidungsverhalten der Stähle unter der Schweißwärmebeeinflussung besteht, muß solchen Erscheinungen eine Bedeutung beigemessen werden. Es wurden deshalb Untersuchungen über die qualitative Beeinflussung des Temperaturverlaufs durchgeführt. Außerdem wird in ersten Untersuchungen anhand von Härtemessungen überprüft, welche Auswirkungen derartige Beeinflussungen auf die Gefügeeigenschaften haben.

Eine wichtige Größe hinsichtlich der Beeinflussung des Temperaturverlaufs ist das Wärmeeinbringen. Die das Wärmeeinbringen beschreibende Streckenenergie errechnet sich aus dem Produkt von Schweißstromstärke mal der Lichtbogenspannung dividiert durch die Schweißgeschwindigkeit. Da sich die die Streckenenergie bestimmenden Einzelgrößen in verschiedener Weise auf die Wärmeeinbringung und -verteilung auswirken, ist diese Größe nur bedingt brauchbar. Eine systematische Untersuchung der Auswirkung der sie bestimmenden Schweißparameter auf den Temperaturverlauf wurde besonders auch deshalb für notwendig gehalten, weil die Kenntnis des Wärmeeinbringens durch den Lichtbogen eine Grundvoraussetzung für die Berechnung darstellt. Außer den Temperaturmessungen wurden deshalb mittels eines Schweißkalorimeters auch Lichtbogenwirkungsgrade bestimmt.

Geht man vom mathematischen Modellansatz zwei- und dreidimensionaler Wärmeleitung aus [1, 3], so werden diese idealisierten Bedingungen am ehesten im stumpfen Stoß bei Einlagen-Verbindungsschweißungen (zweidim. Wärmeleitung) und bei Auftragschweißraupen (dreidim. Wärmeleitung) erfüllt. Für andere Nahtformen und Stoßarten der Bauteile müssen die veränderten Wärmeableitungsbedingungen faktormäßig berücksichtigt werden. Diesbezügliche Empfehlungen sind aus der Literatur bekannt [3, 21, 22]. Die bisher durchweg als konstant angenommenen Faktoren zur Erfassung dieses Einflusses sind jedoch je nach Schweißbedingungen in einem bestimmten Variationsbereich veränderlich. Im Rahmen dieser Arbeit wurden hierüber Untersuchungen mit dem Ziel durchgeführt, trotz der Veränderlichkeit eines Nahtfaktors diesen in einer allgemeingültigen Form angeben zu können.

Nachdem eine solche Möglichkeit gefunden werden konnte, wurden auch die übrigen Einflußgrößen der Wärmeableitung - Blechdicke, Vorwärmtemperatur und Wärmeleitfähigkeit des Werkstoffs - in diese Untersuchungen mit dem Ziel einbezogen, dadurch zu einer deutlichen Reduzierung des zur experimentellen Lösung des Gesamtproblems erforderlichen Versuchsaufwandes zu kommen.

4. VERSUCHSBEDINGUNGEN UND -DURCHFÜHRUNG

4.1 Versuchswerkstoffe und -hilfsstoffe

Als Versuchswerkstoff für Temperaturmessungen und kalorimetrische Messungen diente der unlegierte Baustahl St 37-3. Untersuchungen über den Einfluß der Wärmeleitfähigkeit des Werkstoffs auf den Temperaturverlauf wurden neben St 37-3 als Vergleichswerkstoff an vollaustenitischem Cr-Ni-Stahl und niedriglegiertem, warmfesten Stahl 13 CrMo 44 durchgeführt. Die Auswirkungen des Temperaturverlaufs auf die Gefügeeigenschaften der Wärmeeinflußzone wurden an wasservergütetem Feinkornbaustahl untersucht.

Aus Tabelle 1 ist die chemische Zusammensetzung der verwendeten Grund- und Zusatzwerkstoffe ersichtlich.
Die Untersuchungen erfolgten hauptsächlich beim Schutzgasschweißen und in beschränktem Maße beim Unterpulverschweißen. Das Schutzgasschweißen wurde mit handelsüblichen Gasen - Schweißkohlendioxid mit einem Mindestgehalt von 99,7 % CO_2 bzw. einem Gemisch aus Reinargon (99,95 % Ar) und 2 % O_2 - durchgeführt. Für die Unterpulverschweißungen wurde ein erschmolzenes Pulver mit neutralem Charakter (Typbezeichnung 11 ay 485 nach DIN 8557) verwendet.

4.2 Konstante Versuchsbedingungen

Bei sämtlichen Temperaturmessungen und kalorimetrischen Messungen wurden folgende Bedingungen konstant gehalten:

1. Düsenabstand des Schweißbrenners zum Werkstück 20 mm
2. Pluspolung der Elektrode
3. Schutzgasmenge 15 l/min
4. Düsendurchmesser 20 mm (innen)

Der Schweißdrahtdurchmesser betrug, wenn nicht anders bezeichnet, 1,6 mm.

4.3 Temperaturmessung

4.3.1 Meßaufnehmer und deren Anbringung

Als Meßfühler wurden Thermoelemente aus Nickel-Nickel/Chrom benutzt. Diese Thermopaarung zeichnet sich durch ihre hohe elektromotorische Kraft (EMK), eine gute Linearität zwischen EMK und Temperatur in einem Meßbereich bis 1200°C und eine geringe Fehlerabweichung aus (0,75 % n. DIN 43610). Sie ist damit für diese Meßaufgabe gut geeignet.

Es wurde mit im Versuchsblech fest eingebauten (0,2 mm Ø) und mit hinter dem Lichtbogen in das Schmelzbad eingetauchten (0,5 mm Ø) Thermoelementen gemessen. Der Einbau der Thermoelemente erfolgte in Anlehnung an /44/ in Abständen von 20 mm (in Schweißrichtung). Die Einbautechnik geht aus Bild 1 hervor.

Durch die Wahl eines Drahtdurchmessers von 0,2 mm und dieser Einbautechnik werden folgende an das Meßverfahren zu stellende Anforderungen hinreichend erfüllt:

Möglichst punktförmige Messung wegen des sehr steilen Temperaturgradienten (Wahl dünner Thermoelemente); geringe Behinderung des Wärmeflusses durch kleine Störbohrungen, die untereinander genügenden Abstand haben; geringe Anzeigeverzögerung durch guten metallischen Kontakt (Thermoelemente sind angeschweißt) und geringe Wärmekapazität des Thermoelementes.

Da die Beherrschung des Eintauchens von 0,2 mm dicken Thermoelementen in das Schmelzbad Schwierigkeiten macht, wurden hierfür 0,5 mm dicke Thermodrähte verwendet. Vergleichsversuche zwischen beiden Drahtdurchmessern ließen keine Unterschiede im Meßergebnis erkennen.

4.3.2 Probenabmessung und -auflage

Alle Messungen erfolgten in einem Bereich der Schweißnaht, für den ein quasistationärer Zustand angenommen werden kann.

Quasistationärer Zustand bedeutet, daß ein sich mit Schweißbeginn aufbauendes Isothermenfeld, welches bezogen auf die Lichtbogenachse mit der Schweißgeschwindigkeit wandert, sich ab einer bestimmten Wegstrecke (abhängig von den Schweißbedingungen) in einem interessierenden Temperaturbereich nicht ändert.

Voruntersuchungen haben gezeigt, daß unter den in dieser Arbeit gegebenen Schweißbedingungen der quasistationäre Zustand spätestens nach einer Nahtlänge von 125 mm erreicht ist. Je nach Anzahl der einzubauenden Thermoelemente und dem zwischen ihnen festgelegten Abstand von 20 mm sowie unter Berücksichtigung der Anzahl einzutauchender Thermoelemente ergab sich eine Mindestproben- bzw. Nahtlänge von 400 mm. Die Meßstrecke lag dabei im mittleren Nahtbereich, 125 mm von Nahtanfang und -ende entfernt.

Um einen Wärmestau senkrecht zur Schweißrichtung zu vermeiden, wurde ein in Vorversuchen ermittelter Mindestabstand von 80 mm zu der der Schweißnaht parallelen Probenkante eingehalten. Bei Auftragraupen wurden zwecks Einsparung von Material mehrere Schweißungen auf einem Blech ausgeführt. Der Abstand der Schweißraupen untereinander betrug mindestens 40 mm. Es wurde so verfahren, daß Schweißungen mit geringer Streckenenergie in den seitlichen Bereichen eines Probenbleches ausgeführt wurden. Bei den Kehlnahtschweißungen am T-Stoß wurden 160 mm breite Grundbleche und 80 mm hohe Stegbleche verwendet. Bei V-Naht-Verbindungsschweißungen betrug die Ausgangsbreite beider Probenhälften 150 mm. Durch mehrfaches Verschweißen und erneutes Vorbereiten der Blechhälften wurden diese bis auf 100 mm reduziert. Der V-Naht-Öffnungswinkel wurde nicht variiert und betrug 50°.

Die Probenbleche wurden in geeigneten Vorrichtungen so aufgenommen, daß einerseits die Wegführung der Thermoelemente möglich und andererseits gewährleistet war, daß die Wärme nur in das Blech und nicht auch in die Vorrichtung abfließen konnte. Sämtliche Bleche wurden vor dem Schweißen durch Schleifen entzundert.

4.3.3 Registrierung des Meßvorganges

Die Registrierung des zeitlichen Temperaturverlaufs erfolgte mittels eines 16-Kanal-Lichtstrahloszillographen (Typ Oscillofil 16 der Firma Siemens) auf lichtempfindlichem Papier. Das Gerät besitzt eine Schreibbreite von 200 mm. Die verwendeten hochempfindlichen Spiegelgalvanometer sind als Schleifenschwinger ausgebildet und haben eine Eigenfrequenz von 120 Hz.

Vor jeder Schweißung wurde der gesamte Meßkreis mit Hilfe eines Thermospannungskompensators auf einen Ausschlag von 1200°C geeicht. Die Eich- und Meßanordnung ist in Bild 2 dargestellt.

Die im Versuch einzustellenden und konstant zu haltenden Schweißdaten Stromstärke und Lichtbogenspannung wurden an Drehspulinstrumenten abgelesen (Meßgenauigkeit 1,5 % vom Endausschlag). Die so gemessenen Werte liegen im Hinblick auf die Praxisnähe den Temperaturmeßergebnissen zugrunde. Vergleichsmessungen mit genaueren Meßverfahren bestätigten die ausreichende Genauigkeit (siehe auch Tabelle 2 und Kapitel 4.4.2.2) der Strom- und Spannungsmessung. Die Einstell- und Ableseungenauigkeit betrug maximal ± 0,5 V bei U und ± 5 A bei I. Die Schweißspannung wurde zwischen Brenner und Werkstück abgegriffen.

Die Einstellung der Schweißgeschwindigkeit erfolgte vor dem Versuch. Ihre genaue Ermittlung wurde dann dadurch vorgenommen, daß parallel zur Temperaturmessung die Bewegung des Schweißbrenners in Form zeitlicher Impulse, ausgelöst beim Überfahren einer Kontaktschiene mit definiertem Kontaktabstand, registriert wurde. Die bei der Bestimmung entstehenden Fehler sind vernachlässigbar gering. Schwankungen der Schweißgeschwindigkeit während des Versuchs wurden nicht festgestellt.

4.3.4 Auswertung der Temperatur-Zeit-Kurven durch die Ermittlung von Kenngrößen

Zur Erfassung der Wärmebeeinflussung im Bereich einer Schweißverbindung wird der zeitliche Verlauf der Temperatur an einem bestimmten Ort - im erstarrten Schweißgut oder in der auf höchste Temperatur erhitzten Wärmeeinflußzone - gemessen und registriert. Um quantitative Aussagen über dessen Veränderungen in Abhängigkeit der Einflußgrößen machen zu können, mußten Kenngrößen definiert (Bild 3) und aus den Temperatur-Zeit-Kurven ermittelt werden.

Diese Kenngrößen können den Gefügezuständen und den hierdurch maßgeblich bestimmten Eigenschaften zugeordnet werden. Zur Zeit besteht jedoch noch keine hinreichende Klarheit darüber , in welchem Maße die einzelnen Vorgänge während der Erhitzungs- und Abkühlphase das Umwandlungs- und Ausscheidungsverhalten des Werkstoffes in der WEZ beeinflussen. Deshalb wurden mehrere Kenngrößen so definiert, daß einerseits eine Beschreibung der Austenitisierungsbedingungen und der Abkühlkurve im Umwandlungsbereich gegeben ist, andererseits unter dem Gesichtspunkt der universellen Verwertbarkeit der Ergebnisse eine Beschreibung möglichst der gesamten Temperatur-Zeit-Kurve erfolgt.

Durch die Bestimmung der Temperaturverweilzeit oberhalb 800°C und der Abkühlzeiten von 800 bis 500°C bzw. 800 bis 300°C ist eine grobe Kennzeichnung des Gesamtverlaufs für den kritischen Bereich der WEZ mit der höchsten Temperaturbeanspruchung möglich. Zunächst ist durch diese drei Kenngrößen die zeitliche Zuordnung zwischen einer Temperatur beim Erwärmen und drei Temperaturen beim Abkühlen gegeben. Da man aber davon ausgehen kann, daß die mit zunehmendem Abstand von der Schmelzlinie abnehmende Spitzentemperatur in der interessierenden Grobkornzone ohne Haltezeit die Solidustemperatur annähernd erreicht, und daß die Erwärmungszeit bis zur Spitzentemperatur durchschnittlich nur etwa 1 bis 2 Sekunden beträgt

/¯44_7, läßt sich zusammen mit den drei genannten Kenngrößen der Temperaturverlauf annähernd beschreiben und notfalls rekonstruieren. Besonders gut wird hierbei die Abkühlkurve im Umwandlungs- und Ausscheidungsbereich erfaßt. Voraussetzung einer exakten Aussagefähigkeit der drei Kenngrößen als Ersatzgrößen für den zeitlichen Gesamtverlauf der Temperatur ist allerdings eine stetige Abnahme der Abkühlgeschwindigkeit. Im Temperaturbereich oberhalb von im allgemeinen etwa 800°C können sich jedoch infolge der anfänglichen Wärmeverteilung, die je nach Schweißbedingungen verschieden ist, und der ortsverschiedenen Wärmeableitungsbedingungen Wendepunkte in der Abkühlkurve durch beschleunigte und verzögerte Temperaturabnahme ergeben, Bild 8. Störungen in der stetigen Abnahme der Abkühlgeschwindigkeit werden außerdem durch die freiwerdende Umwandlungswärme hervorgerufen. Sie wirken sich jedoch nur bei der Messung mit im Schmelzbad eingetauchten Thermoelementen geringfügig aus, Bild 8.

4.4 Kalorimetrische Messungen zur Bestimmung des Lichtbogenwirkungsgrades

4.4.1 Allgemeines

Die Messungen und die Auslegung des Schweißkalorimeters wurden in Anlehnung an /¯51, 52, 53_7 durchgeführt. Probenwerkstoff war St 37-3 (n. DIN 17100), Zusatzwerkstoff handelsüblicher CO_2-Schweißdraht von 1,6 bzw. 1,2 mm Durchmesser (DIN 8559). Die Untersuchungen erstreckten sich auf das Schutzgasschweißen unter CO_2 und auf Argon mit einem Zusatz von 2 % O_2. Die Schweißungen wurden auf einem Probenblech von einheitlich 10 mm Dicke als A-Nähte ausgeführt.

Um genaue Ergebnisse zu erzielen, sollte die je Versuch eingebrachte Wärmemenge möglichst groß sein. Bei einer Streckenenergie von maximal 14,38 kJ/cm, etwa 450 mm vorgegebener Raupenlänge und 85 % angenommenem Wirkungsgrad ergaben sich maximal 550 kJ eingebrachte Wärmemenge. Aufgrund der Vorgabe dieser Wärmemenge und einer maximalen Temperaturerhöhung von $2^{o}C$ im Kalorimeter sowie der Probenabmessung 540 mm x 130 mm x 10 mm wurden die Kalorimeterabmessungen zu 640 mm Länge, 370 mm Höhe und 300 mm Breite ermittelt. Der prinzipielle Aufbau des Schweißkalorimeters geht aus Bild 4 hervor.

Die beim CO_2-Schweißen besonders großen Spritzverluste mußten vom Kalorimeter ferngehalten werden. Deshalb wurde eine Abdeckvorrichtung mit einem 25 mm breiten Schlitz als Durchlaß für das Schweißen der Raupe benutzt. Der Abstand zwischen Abdeckung und Probeblech betrug an der Schweißstelle 3 mm; insgesamt bestand nur eine punktförmige Berührung mit dem Kalorimeter.

Bei dem benutzten Kalorimeter bilden Probe und Probenaufnahme einen mit einem O-Ring abgedichteten, nach unten hin offenen Kasten, der in Versuchsstellung soweit versenkt ist, daß die Probe von unten auf der ganzen Fläche von Wasser umspült wird. Durch die kastenförmige Einheit wird erreicht, daß je nach Schweißbedingungen bei zu heiß werdender Probenrückseite verdampfendes Wasser im Kalorimeter bleibt und rückkondensiert.

4.4.2 Meßgrößen und ihre Erfassung

Der Lichtbogenwirkungsgrad ist als das Verhältnis der dem Werkstück insgesamt zugeführten Wärmeenergie (E_K) zur elektrisch umgesetzten Energie ($E_{el} = U \cdot I \cdot t$) definiert. Es bestand somit die Aufgabe, diese beiden Energiemengen zu messen.

4.4.2.1 Ermittlung der im Werkstück aufgenommenen Wärmemenge

Die vom Kalorimeter aufgenommene Wärmemenge berechnet sich zu

$$E_K = W \cdot \Delta \vartheta_K \quad \text{mit} \quad \Delta \vartheta_K = T_{2k} - T_{1k}$$

W ist der Wasserwert des Kalorimeters und $\Delta \vartheta_K$ die Temperaturerhöhung im Kalorimeter infolge der Wärmeaufnahme. Der nicht völlig zu vermeidende Wärmeaustausch des Kalorimeters mit der Umgebung wurde durch die Ermittlung korrigierter Temperaturen - in Anlehnung an [51] - berücksichtigt.

Der Wasserwert ist das Produkt aller im Kalorimeter enthaltenen Massen und ihrer spezifischen Wärmen. Zur Bestimmung des Wasserwertes wurde dem bis zu einer Pegelmarke gefüllten Kalorimeter eine Wassermenge m = 2000 g entnommen, auf eine Temperatur von 90 - 95°C erwärmt und anschließend dem Kalorimeter wieder zugeführt. Die Temperaturen T_1 vor und T_2 nach dem Eingießen sowie T_3 des heißen Wassers wurden mit einem Präzisions-Hg-Thermometer (1/10°C-Skaleneinteilung) gemessen. Der Wasserwert bestimmt sich mit den korrigierten Temperaturen T_{1k} und T_{2k} zu

$$W = \left(\frac{T_3 - T_{1k}}{T_{2k} - T_{1k}}\right) \cdot m \cdot c_w \qquad \text{und}$$

beträgt bei dem verwendeten Kalorimeter 271 kJ/°C.

Die Temperaturmessung bei den Hauptversuchen erfolgte mit NTC-Widerständen (Typ E 205 CE/P 10 KS, 10 kΩ). Die im Kalorimeter eingebauten NTC-Widerstände waren als Brücke geschaltet (Bild 5) und wurden in einem Arbeitsbereich von 20 bis 26°C geeicht. Der Eichfaktor (lineare Eichkurve) betrug $1{,}9 \cdot 10^{-2}$ °C/mV.

Die Registrierung der Meßwerte zweier Meßstellen über der Zeit erfolgte analog mit einem Schreiber. Die Meßwerte der beiden übrigen Meßstellen wurden in Intervallen von 2 Minuten von einem Digitalvoltmeter abgelesen. Bei dem durchschnittlichen Eichfaktor von $1{,}9 \cdot 10^{-2}$ °C/mV und entsprechender Auflösung der Meßgröße ergab sich bei beiden Meßgeräten (Schreiber, Digitalvoltmeter) eine Bestimmungsgenauigkeit von $\pm 2 \cdot 10^{-3}$ °C.

4.4.2.2 Ermittlung der elektrisch umgesetzten Energiemenge

Die Messung wurde in parallelen Meßanordnungen auf verschiedene Art durchgeführt:
Neben der zur Orientierung und Einstellung dienenden Anzeige von Stromstärke und Spannung auf Drehspulinstrumenten wurden bei einer Meßanordnung Stromstärke und Spannung unter Vorschaltung eines L-C-Gliedes (Tiefpaß) und eines Spannungsteilers zeitlich auf einem Lichtstrahloszillograph registriert. Aus den Meßschrieben wurden die mittleren Strom- und Spannungswerte über die Zeit sowie die Schweißzeit selbst ermittelt. Parallel hierzu erfolgte eine direkte Energiemengenmessung mit Hilfe eines Meßwertwandlers (Analogrechner, Typ TR S2). Das Gerät integriert das Produkt aus Stromstärke und Spannung über die Schweißzeit.

Um einen Vergleich der nach den verschiedenen Meßanordnungen ermittelten Meßergebnisse zu ermöglichen, sind diese für die ersten 30 Versuche in Tabelle 2 aufgeführt.

Der Vergleich zwischen den nach Instrumentenanzeige eingestellten und aus Lichtstrahloszillograph-Schrieb ermittelten Stromstärken zeigt, daß die für das Drehspulinstrument geltenden Werte im Mittel um 5 - 10 Ampere höher liegen. Die in ihrer Höhe schwankenden Unterschiede sind auf unsystematische Fehler bei der Einstellung und Konstanthaltung der Schweißdaten und auf einen systematischen, vom Meßprinzip und der Stromverlaufscharakteristik herrührenden Fehler zurückzuführen.

Aus Tabelle 2 geht weiter hervor, daß eine Abweichung zwischen den auf verschiedene Weise ermittelten Energiemengen besteht. Die mit dem Meßwertwandler ermittelten Werte liegen im Mittel um 1 - 3 % niedriger. Dieser relative systematische Fehler ist durch das unterschiedliche Meßprinzip bedingt.

Den ermittelten thermischen Lichtbogenwirkungsgraden liegen die mit dem Meßwertwandler gemessenen elektrischen Energiemengen zugrunde, da diese Messung am genauesten ist. Die insgesamt gute Reproduzierbarkeit der kalorimetrischen Messungen wurde durch Wiederholversuche nach erneutem Meßaufbau belegt (Bild 49).

5. BERECHNUNG DES TEMPERATURVERLAUFS IM BEREICH DER SCHWEISSNAHT

Der Temperaturverlauf an einem bestimmten Punkt der Schweißraupe kann vereinfacht mit Hilfe der klassischen Theorie der Wärmeausbreitung in festen Körpern ausgedrückt werden [1, 3]. Der Lichtbogen wird dabei schematisiert als eine an der Oberfläche eines einseitig begrenzten Körpers schnellwandernde punktförmige Hochleistungsquelle (punktförmige Quelle unendlicher Temperatur), bzw. als eine schnellwandernde linienförmige Hochleistungsquelle in der Platte aufgefaßt. Bei Unterscheidung dieser beiden Fälle und den vereinfachenden Annahmen:

1. Wärmeleitung nur in Richtung senkrecht zur Schweißrichtung (Bild 6),
2. Konstanz der in Wirklichkeit temperaturabhängigen Wärmeleitfähigkeit,
3. kein Wärmeübergang vom Werkstück an das umgebende Medium,

ergeben sich nach [3] aus der allgemeinen Differentialgleichung der Wärmeleitung in festen Körpern

$$\frac{\partial T}{\partial t} = \frac{\lambda}{c\varrho} \left(\frac{\partial^2 T}{\partial x^2} + \frac{\partial^2 T}{\partial y^2} + \frac{\partial^2 T}{\partial z_2} \right) \quad \text{mit} \quad \frac{\lambda}{c\varrho} = a$$

unter der Anfangsbedingung $T = T_o$ die speziellen Lösungen für das dicke Blech (dreidim. Wärmeleitung):

$$T\,(y,z,T) - T_o = \frac{E}{2\pi\lambda t} \exp\left(-\frac{y^2+z^2}{4at}\right) \qquad (1)$$

und für die Platte (zweidim. Wärmeleitung):

$$T\,(y,t) - T_o = \frac{E}{d\sqrt{4\pi\lambda^2\,t/a}} \exp\left(-\frac{y_o^2}{4at}\right) \qquad (2)$$

Da in diesen Gleichungen die Zeit implizit in den Verfahrensvariablen geschrieben steht, ist eine Berechnung von Abkühlzeiten in einem Temperaturintervall sehr zeitaufwendig und daher mit vertretbarem Aufwand nur mit Hilfe eines Digitalrechners möglich. Vergleichsrechnungen /15/ für verschiedene Abstände von der Nahtmitte haben ergeben, daß die Unterschiede zwischen den ortsabhängigen Werten der Abkühlzeit von 800 bis 500°C im interessierenden Bereich nur gering sind. Beschränkt man aufgrund dessen die Berechnung auf den Punkt der Nahtmitte, so vereinfachen sich die Gleichungen zu

$$T\,(o,t) - T_o = \frac{E}{2\pi\lambda\,t} \quad \text{(dickes Blech)} \qquad (3)$$

und

$$T\,(o,t) - T_o = \frac{E}{d\sqrt{4\pi\lambda^2 t/a}} \quad \text{(Platte)} \qquad (4)$$

Differenziert man die Gleichungen (3) und (4) nach der Zeit, so erhält man die Abhängigkeit der Momentangeschwindigkeit der Temperaturänderung von der Zeit:

$$\frac{dT}{dt} = -\frac{E}{2\pi\lambda t^2} \qquad (5)$$

und

$$\frac{dT}{dt} = -\frac{E}{2d\sqrt{4\pi\lambda^2 t^3/a}} \qquad (6)$$

Durch entsprechende Umformung der Gleichungen (3) und (4) sowie (5) und (6) und Einsetzen ineinander läßt sich die Zeit eliminieren und es ergeben sich die für die Berechnung günstigeren Gleichungen der Abkühlgeschwindigkeit bei einer Temperatur T, für das dicke Blech:

$$\frac{dT}{dt} = \frac{2\pi\lambda\,(T - T_o)^2}{E} \qquad (7)$$

und für die Platte:

$$\frac{dT}{dt} = \frac{2\pi\,\lambda^2 d^2 (T - T_o)^3}{a\;E^2} \qquad (8)$$

sowie die Gleichungen für die Abkühlzeit in einem Temperaturintervall T_1 bis T_2, für das dicke Blech:

$$\Delta t_{T_1 - T_2} = \frac{E}{2\pi\lambda}\left(\frac{1}{T_2 - T_o} - \frac{1}{T_1 - T_o}\right) \qquad (9)$$

und für die Platte:

$$\Delta t_{T_1 - T_2} = \frac{E^2\,a}{4\,\pi\,\lambda^2\,d^2}\left(\frac{1}{(T_2 - T_o)^2} - \frac{1}{(T_1 - T_o)^2}\right). \qquad (10)$$

Durch Gleichsetzen der Gleichungen (9) und (10) und entsprechende Auflösung erhält man die Übergangsblechdicke

$$d_o = \sqrt{\frac{E\;a}{2\lambda}\left(\frac{1}{T_2 - T_o} + \frac{1}{T_1 - T_o}\right)}\;, \qquad (11)$$

anhand der zu entscheiden ist, ob unter den gegebenen Schweißbedingungen Gleichung (9) oder (10) Anwendung findet (Bild 7).

Nur diese analytischen Lösungen haben eine gewisse Bedeutung erlangt. So stehen auch mit Ausnahme von /¯16_7 alle bekannt gewordenen Arbeiten, die sich in irgendeiner Form mit der Berechnung des Temperaturverlaufs beim Schweißen befassen, hiermit in Zusammenhang. Da die Abkühlzeit im Temperaturbereich der Umwandlung als die entscheidende Größe hinsichtlich der in der Wärmeeinflußzone zu erwartenden Gefügeeigenschaften anzusehen ist, sind die Gleichungen (9) und (10) am bekanntesten.

Die in diesem Bericht an bestimmten Stellen erfolgte Einschätzung der Genauigkeit und Korrekturmöglichkeit der Berechnungsformeln bezieht sich auf die Gleichungen (9) und (10).

6. VERSUCHSERGEBNISSE

6.1 Einfluß des Meßortes auf den Temperaturverlauf beim Lichtbogenschweißen

Eine Berechnung des Temperaturverlaufs oder spezieller Kenngrößen wird im allgemeinen stellvertretend für den Gesamtbereich der Schweißraupe nur für die Raupenmitte durchgeführt (s. Gleichungen 3 - 10 in Kap. 5). Wie überprüfende Berechnungen [15] ergeben haben, ist der bei einer Übertragung auf andere Bereiche der Naht entstehende Fehler gering. Bei dieser Aussage ist aber zu bedenken, daß die Lösungen auf sehr vereinfachten Modellannahmen basieren und infolgedessen das Isothermenfeld eine einfache symmetrische Form aufweist, die sich besonders in der Anfangsphase der Abkühlung von den beim Schweißen vorliegenden Verhältnissen wesentlich unterscheidet. Während entsprechend den Anfangsbedingungen für die hergeleiteten Gleichungen die Wärme zu Beginn der Abkühlung in einem Punkt bzw. auf einer Linie konzentriert ist, ist sie beim Lichtbogenschweißen räumlich verteilt.

Infolge der grundsätzlichen und der mit den Schweißbedingungen sich ändernden Gestalt des Schweißbades ergeben sich in der Anfangsphase der Abkühlung örtlich verschiedene zeitliche Temperaturverläufe. Sie mußten näher untersucht werden, um die Aussagefähigkeit des an einem bestimmten Ort der Schweißraupe gemessenen Temperaturverlaufs für den Gesamtbereich der Schweißnaht bewerten zu können und um in der Lage zu sein, geeignete Meßorte für die aufwendigen Thermoelementmessungen festzulegen.

6.1.1 Prinzipielle Unterschiede des zeitlichen Temperaturverlaufs im Bereich der Schweißraupe

In Bild 8 sind an verschiedenen Stellen einer Auftragraupe gemessene Temperaturverläufe dargestellt. Dabei zeigt sich, daß im Bereich der Raupenwurzel die Abkühlung im oberen Temperaturbereich sehr schnell verläuft und daß das Temperaturmaximum nur kurzzeitig gehalten wird. An der Nahtflanke dagegen kann ein ausgeprägteres Temperaturmaximum und eine gleichmäßigere, gegenüber der Wurzel im oberen Temperaturbereich langsamer verlaufende Abkühlung beobachtet werden.

Der Vergleich mit der in der Nähe der Raupenoberfläche durch Eintauchen eines Thermoelementes gemessenen Abkühlkurve zeigt, daß der Temperaturverlauf an Flanke und Oberfläche schon ab hohen Temperaturen gleichlaufend ist. Dies ist auf die an beiden Meßorten sehr ähnlichen Wärmeableitungsbedingungen schon zu Beginn der Abkühlung zurückzuführen. Die Temperatur, bei der die Angleichung zwischen Flanke und Oberfläche erfolgt, hängt jedoch entscheidend von der an der Nahtflanke erreichten Maximaltemperatur ab, die eine Funktion des Abstandes von der Schmelzlinie, der Schweißdaten und der die Wärmeableitung bestimmenden physikalischen und geometrischen Größen ist. Diese charakteristischen Unterschiede im Temperaturverlauf an den drei Meßstellen kann man bei Auftragraupen immer beobachten.

Die Auftragschweißung wurde gewählt, weil sie Verhältnisse beschreibt, die in der Praxis häufig auftreten. So liegen bei Kehlnaht-Schweißungen an den verschiedensten Stoßarten, bei Mehrlagenschweißungen mit Ausnahme der Wurzellage und eventuell noch der 2. Lage sowie beim Schweißen in Lage und Gegenlage an einem Stumpfstoß ohne Nahtvorbereitung (I-Stoß) bei der Gegenlage ähnliche Abkühlbedingungen vor. Schweißt man eine Verbindungsnaht nur in einer Lage oder die Wurzellage einer Mehrlagenschweißung, dann ergeben sich für die gesamte Wärmeeinflußzone etwa gleiche Abkühlbedingungen, d.h. Wurzel- und Flankenbereich zeigen keine wesentlichen Abweichungen im Temperaturverlauf.

Die in Bild 8 aufgezeigten örtlichen Unterschiede im Temperaturverlauf lassen sich anhand der in Bild 9 dargestellten Prinzipskizze erklären. Hier wird schematisch die Schweißbadausbildung in Grund- und Aufriß sowie die Raupenquerschnittsfläche im Schnitt senkrecht zur Schweißrichtung gezeigt. Betrachtet man die Schweißbadbegrenzung in zwei Ebenen parallel zur Blechoberfläche, dann wird diese in der Draufsicht durch die Ellipsen 1 und 2 in den Ebenen 1 - nahe der Blechoberfläche (Flanke) - und 2 - nahe der Raupenwurzel - beschrieben. Betrachtet man nur jeweils einen Punkt in diesen Ebenen, der - bezogen auf die fertige Naht - innerhalb des von Schweißgut ausgefüllten Bereiches in gleichem Abstand zur Schmelzlinie liegt, so sieht man aus der Draufsicht, daß dieser Punkt in der Ebene 1 eine Zeit $t_{s1} = \frac{s1}{v_s}$, in der Ebene 2 eine Zeit $t_{s2} = \frac{s2}{v_s}$ auf Temperaturen oberhalb der Schmelztemperatur erwärmt gewesen war. Da die Strecke s1 größer als die Strecke s2 ist, ergibt sich für den Punkt der Ebene 1 eine längere Verweilzeit oberhalb Schmelztemperatur. Das bedeutet für einen diesem Punkt benachbarten Punkt der WEZ, daß diesem im Bereich der Nahtflanke gegenüber der Nahtwurzel längere Zeit Wärme von einem höheren Temperaturniveau zufließt.

Daraus bzw. aus der Ausbildung des Schmelzbades und zusätzlich aus den unterschiedlichen Wärmeableitungsbedingungen an Wurzel und Flanke (Bild 10) erklären sich die dargestellten Unterschiede des Temperaturverlaufs im Bereich hoher Temperaturen und außerdem die unterschiedliche Breite der WEZ an beiden Betrachtungsorten.

6.1.2 Auswirkungen auf Abkühl- und Verweilzeiten

Anhand der folgenden Ergebnisse soll aufgezeigt werden, in welchem Maße sich der unterschiedliche Temperaturverlauf im Bereich der Schweißraupe auf die ihn kennzeichnenden Größen - Verweilzeit oberhalb 800°C und Abkühlzeit von 800 bis 500°C - auswirkt.

6.1.2.1 Abstand der Meßsonde von der Schmelzlinie

Bei diesen Untersuchungen wurden Auftragschweißungen unter gleichen Bedingungen mehrmals wiederholt, um eine genügende Anzahl von Temperatur-Zeit-Kurven für die Auswertung zur Verfügung zu haben. Die Messungen wurden an der Raupenwurzel durchgeführt.

Als Vergleichskriterium wurde stellvertretend für den Abstand zur Schmelzlinie die Spitzentemperatur ϑ_{max} gewählt. Das hat den Vorteil, daß die aufwendige und nur sehr ungenaue Ermittlung der Thermoelementabstände anhand von Schliffen der an entsprechender Stelle aufgeschnittenen Bleche entfällt. Außerdem ist mit der Spitzentemperatur überhaupt erst ein reelles Vergleichskriterium gegeben, da sie nicht nur eine Funktion des Abstandes von der Schmelzlinie ist, sondern bei gleichem Abstand auch vom Meßort und den Schweißbedingungen abhängt.

In den Bildern 11 und 12 sind die ermittelten Verweil- und Abkühlzeiten über der Spitzentemperatur aufgetragen. In Bild 11 sieht man, daß sich die Verweilzeit oberhalb 800°C von 0 (ϑ_{max} = 800°C) mit zunehmender Spitzentemperatur asymptotisch einem Grenzwert nähert.
Im Gegensatz hierzu nimmt die Abkühlzeit mit zunehmender Spitzentemperatur ab, nähert sich aber auch einem Grenzwert, Bild 12. Die beim Schweißen ermittelten Verweilzeiten und Abkühlzeiten sind also nicht unerheblich von der Spitzentemperatur bzw. vom Abstand der Meßsonde zur Schmelzlinie abhängig. Um daher bei grundlegenden Untersuchungen aussagekräftige bzw. vergleichbare Ergebnisse zu erzielen, muß man

die Thermoelemente möglichst nahe an die Schmelzlinie heranbringen. Die Kontrolle über die Lage erhält man dabei über die erreichte Spitzentemperatur. Die Ergebnisse zeigen, daß sich oberhalb 1100°C die Werte nicht mehr wesentlich verändern. Daher und aus Gründen eines noch vertretbaren Meßaufwandes sollten bei Labormessungen mit eingebauten Thermoelementen - in dieser Arbeit wird so verfahren - nur Temperaturmeßschriebe mit Spitzentemperaturen ≥ 1100°C ausgewertet werden.

Aus den Bildern 11 und 12 ist ersichtlich, daß die Streuung der Einzelwerte im Gesamtbereich der Spitzentemperatur etwa gleich groß ist. Dies gilt sowohl für die Verweilzeit als auch für die Abkühlzeit. Vergleicht man die absolute Streubreite von Verweil- und Abkühlzeiten, so stellt man annähernde Gleichheit fest. Da diese beiden Kenngrößen von einem gemeinsamen Punkt der Temperaturkurve ausgehen, stehen sie in einer Wechselwirkung und es kann aus ihrer etwa gleichen Streubreite geschlossen werden, daß ein nicht unerheblicher Fehler bei der experimentellen Ermittlung von Kenngrößen des Temperaturverlaufs durch die schlechte Reproduzierbarkeit der Temperaturmessung im Bereich hoher Temperaturen bedingt ist. Aufgrund der entstehenden Meßfehler wurde im Rahmen dieser Arbeit immer mit mehreren Thermoelementen während eines Versuchs gemessen.

6.1.2.2 Lage der Meßsonde, bezogen auf die Schweißraupe - Vergleich zwischen Wurzel/WEZ, Flanke/WEZ und Schweißgut/Nähe Raupenoberfläche

In Bild 13 ist die Abkühlzeit von 800 bis 500°C für Raupenwurzel/WEZ und Schweißgut/Nähe Oberfläche in Abhängigkeit von der Schweißgeschwindigkeit dargestellt. An der Raupenoberfläche werden grundsätzlich kürzere Abkühlzeiten ermittelt. Dies entspricht dem qualitativ unterschiedlichen Temperaturverlauf (Bild 8).

Eine Gegenüberstellung der Verweilzeit oberhalb 800°C für diese beiden Meßorte ist nicht möglich, da mit eingetauchten Thermoelementen nur Abkühlkurven ermittelt werden können. Deshalb wurde eine Versuchsreihe durchgeführt, bei der Thermoelemente an Wurzel und Flanke in der WEZ eingebaut waren. Die Ergebnisse sind in Bild 14 dargestellt. Gegenüber der Wurzel werden aus dem an der Flanke gemessenen Temperaturverlauf kürzere Abkühlzeiten und längere Verweilzeiten bestimmt. Der Vergleich mit der Messung an der Oberfläche zeigt (Bild 8, 13 und 14), daß sich an Flanke und Oberfläche die schon erwähnten nahezu gleichen Abkühlverhältnisse und damit Abkühlzeiten ergeben. Dies wurde durch zahlreiche weitere Versuchsergebnisse bestätigt.

Wenn man von der im vorherigen Kapitel gemachten Voraussetzung ausgeht und nur Meßschriebe mit einem $\vartheta_{max} \geq$ 1100°C betrachtet, so bilden die Abkühlkurven an Wurzel und Oberfläche einen unteren bzw. oberen Grenzwert (Bild 8), d.h. alle an anderer Stelle der Raupe gemessenen Temperaturkurven müssen bis zum Temperaturausgleich zwischen den Kurven dieser beiden Meßorte liegen. Für die Abkühlzeit von 800 - 500°C bedeutet dies, daß die Oberflächenmessung einen Minimalwert, die Wurzelmessung unter obiger Annahme einen Maximalwert ergibt.

In Bild 15 sind eine Vielzahl von im selben Versuch an verschiedenen Stellen der Schweißnaht ermittelten Abkühlzeiten einander gegenübergestellt. Es handelt sich dabei um die Auftragung von Mittelwerten der Eintauchmessung (max. 3 Thermoelemente je Versuch) über Mittelwerten der Wurzelmessung/WEZ (bis zu 6 Thermoelemente je Versuch). Die Meßpunkte ordnen sich in einem Streuband unter der Symmetrieachse an. Als Parameter sind in diesen Ergebnissen Schweißgeschwindigkeit, Lichtbogenleistung, Blechdicke und Nahtform (Auftragraupe, Kehlnaht am T-Stoß) enthalten. Die untere Begrenzungslinie in Bild 15 gibt somit - bezogen auf die an der Raupenoberfläche ermittelten Absolutwerte - die beim CO_2-Schweißen bei Raumtemperatur maximal möglichen Unterschiede zwischen der Messung an Raupenoberfläche und Raupenwurzel an. Die möglichen Unterschiede sind nicht unerheblich.

Wie stark die beiden Werte letzten Endes differieren, hängt von den gewählten Schweißbedingungen ab. Beispielsweise kann man bei einem tiefen schmalen Einbrand gegenüber einem flachen breiten größere Unterschiede feststellen. Bei den zwischen den Begrenzungsgeraden streuenden Werten handelt es sich daher nicht nur um Streuungen, die ihren Grund in der Meßungenauigkeit haben, sondern auch um solche, die den Einfluß der Kombination der Schweißdaten und -bedingungen wiedergeben. Eine parameterabhängige Zuordnung ist nur schwer möglich, weil sich Parametereinflüsse und natürliche Streuung der Meßwerte in der gleichen Größenordnung bewegen.

Es wurde dennoch versucht, eine Unterscheidung nach Parametern vorzunehmen. In Bild 16 lassen sich in der Tendenz Nahtformeinflüsse erkennen. Die größten Unterschiede zeigen sich bei Auftragraupen, wenn der nicht aufgeschmolzene Restquerschnitt des Bleches groß genug ist. Zunächst überraschend sind die geringen Unterschiede bei den Kehlnähten am T-Stoß. Ein Grund dafür besteht darin, daß beim T-Stoß die Wärme aus den oberen Bereichen der Raupe verstärkt über die Flanken abfließen kann. Dadurch sind die Anfangsbedingungen der Wärmeableitung beider Meßorte weniger unterschiedlich. Jedoch liegt hier noch ein weiterer Grund vor: Aus einbautechnischen Gründen lagen die Thermoelemente nicht exakt an der Raupenwurzel, sondern seitlich verteilt, so daß die extremen Unterschiede nicht voll erfaßt wurden.

Erwartungsgemäß ergeben sich bei der Wurzellage einer V-Naht nur geringe Unterschiede.

Die diskutierten Ergebnisse beziehen sich auf das Schweißen bei Raumtemperatur. Die dabei festgestellten Einflüsse treten auch beim Schweißen mit Vorwärmung auf, wirken sich hier jedoch in stärkerem Maße aus, Bild 17, 18, 19. Die gegenüber dem Schweißen ohne Vorwärmung größere zeitliche Phasenverschiebung (vergleiche Bild 8, 17 und 18) und die somit größeren Unterschiede im Temperaturverlauf lassen sich so erklären:

Grundsätzlich herrschen beim Schweißen zu Beginn der Abkühlung an beiden Meßorten andere Bedingungen (Kap. 6.1.1). Während die Abkühlung an der Raupenwurzel aufgrund des dort vorhandenen geringen Wärmepotentials und der besseren Wärmeableitungsbedingungen (steiler Temperaturgradient zu Beginn der Abkühlung) auch bei Vorwärmung in der Anfangsphase zunächst sehr schnell erfolgen kann, muß im gesamten Verlauf der Abkühlung die abzuführende Wärmemenge aufgrund der vorhandenen Wärme durch die Vorwärmung über merklich größere Wege in ein größeres Werkstückvolumen abgeführt werden. Infolgedessen schreitet die Erstarrungsfront langsamer vorwärts und die Abkühlung der Raupenoberfläche beginnt mit einer größeren zeitlichen Verzögerung gegenüber der Raupenwurzel als beim Schweißen ohne Vorwärmung. Da die Abkühlung an der Raupenoberfläche später beginnt und der Temperaturausgleich im Nahtbereich im allgemeinen erst bei Temperaturen weit unterhalb 800°C erreicht ist (abhängig von Wärmeeinbringung und Wärmeableitungsbedingungen), wird der Temperaturbereich von 800 - 500°C an beiden Meßstellen in stärker differierenden Zeiten durchlaufen als beim Schweißen unter vergleichbaren Bedingungen bei Raumtemperatur.

6.1.3 Schlußfolgerungen für die Durchführung von Temperaturmessungen

Die Ergebnisse zeigen, daß der Temperaturverlauf im Bereich einer Schweißnaht qualitative Unterschiede aufweist, die sich auf die ermittelten Kenndaten des Temperaturverlaufs je nach Schweißbedingungen in nicht unerheblichem Maße auswirken. Damit kommt der Wahl des geeigneten Meßortes eine Bedeutung zu. Sie muß unter dem Gesichtspunkt des Versuchszweckes und der Aussagefähigkeit für den Gesamtbereich der Naht getroffen werden.

Einer heute üblichen Zuordnung zwischen der Abkühlzeit von 800 bis 500°C und den mechanisch-technologischen Eigenschaften des Gefüges der WEZ [21, 56, 57, 58 u.a.] einerseits und den Schweißbedingungen andererseits kann die Messung mit Eintauchelementen zugrunde gelegt werden. Da an der Raupenoberfläche die im Nahtbereich kürzesten Abkühlzeiten gemessen werden, erhält man eine gewisse Sicherheit für die Festlegung geeigneter Schweißbedingungen anhand von Schweiß-ZTU-Schaubildern.

Die Messung mit Eintauchelementen hat zudem gegenüber der mit eingebauten den wesentlichen Vorteil des Wegfalls des sehr zeitaufwendigen Einbaus der Thermoelemente. Damit bietet sie sich auch aus diesem Grunde für den praktischen Einsatz an und hat dabei noch den weiteren Vorteil, daß eine in der Praxis ausgeführte Schweißverbindung nicht durch Thermoelementbohrungen beeinträchtigt wird.

Ein Nachteil der Messung mit eingetauchten Thermoelementen ist, daß nur die Abkühlkurve ermittelt werden kann. Zur Klärung des Umwandlungsverhaltens unter der Einwirkung des beim Schweißen sehr schnell ablaufenden Wärmezyklus ist es aber unbedingt notwendig, die Austenitisierungsbedingungen durch den zeitlichen Verlauf im Bereich hoher Temperaturen möglichst genau zu kennzeichnen. Bei solchen Untersuchungen kann daher auf die Messung mit eingebauten Thermoelementen neben der Eintauchmessung nicht verzichtet werden. Im allgemeinen wird sich hier die Messung an der Raupenwurzel empfehlen, weil der Temperaturverlauf an der Wurzel gewissermaßen den anderen Extremfall des Nahtbereiches beschreibt und außerdem die Vorherbestimmung der Thermoelementlage einfacher und der Meßort gegenüber der Flankenmessung eindeutiger definiert ist.

Wie schon erwähnt, muß bei der Messung mit eingebauten Thermoelementen darauf geachtet werden, daß sie nahe genug an der Schmelzlinie, also in der Grobkornzone liegen, da sich die Kenndaten des Temperaturverlaufs mit der Spitzentemperatur bzw. dem Abstand von der Schmelzlinie ändern.

Wegen der vorhandenen Streuung der Meßergebnisse sollte grundsätzlich mit mehreren Thermoelementen je Versuch gemessen werden.

Schließlich sei angemerkt, daß die Aussagefähigkeit und Vergleichbarkeit von aus der Literatur bekannten Ergebnissen teilweise durch die Nichtbeachtung der aufgezeigten Zusammenhänge beeinträchtigt ist.

6.2 Analyse der Austauschbarkeit der Schweißbedingungen zur Erzielung eines bestimmten Temperaturverlaufs

Will man mechanisch-technologische Werkstoffeigenschaften der WEZ in Beziehung zu einer Kenngröße des Temperaturverlaufs setzen, muß diese repräsentativ für den gesamten Temperaturverlauf sein. Dies trifft jedoch unter den in der Lichtbogenschweißtechnik möglichen verschiedenartigen Schweißbedingungen nicht zu: Einerseits weist der Temperaturverlauf im Bereich einer Schweißnaht charakteristische örtliche Unterschiede auf (s. Kap. 6.1), andererseits ergeben sich aufgrund der verschiedenen Kombinierbarkeit der gesamten Schweißbedingungen neben den allgemein bekannten quantitativen auch qualitative Veränderungen im Temperaturverlauf.

In diesem Teil des Berichtes werden diese qualitativen Veränderungen des Temperaturverlaufs in Abhängigkeit der Schweißbedingungen aufgezeigt. Zu diesem Zweck wurden die verschiedenen Kenngrößen des Temperaturverlaufs - grafisch gegeneinander aufgetragen - ins Verhältnis gesetzt. Um die Auswirkungen auf die Gefügeeigenschaften der WEZ bewerten zu können, werden die Ergebnisse von Härtemessungen diskutiert, wobei diese Untersuchungen nur erste Anhaltspunkte liefern können. Der örtliche Einfluß auf den Temperaturverlauf findet hierbei Berücksichtigung.

Schließlich werden die Konsequenzen diskutiert, die sich hinsichtlich der Anwendung der bekannten Berechnungsformeln und ihrer Korrekturmöglichkeit durch experimentell ermittelte Faktoren ergeben.

6.2.1 Einfluß der Schweißbedingungen auf das Verhältnis der Abkühlzeit von 800 - 500°C zur Verweilzeit oberhalb 800°C

In Bild 20 ist die Abkühlzeit über der Verweilzeit in Abhängigkeit der Streckenenergie aufgetragen worden. Die Veränderung der Streckenenergie erfolgte auf zweierlei Art. Während sich bei der Erhöhung der Streckenenergie durch die Verminderung der Schweißgeschwindigkeit nahezu ein linearer Kurvenverlauf ergibt, nimmt die Verweilzeit bei Erhöhung der Streckenenergie durch die Lichtbogenleistung im Bereich großer Streckenenergie nur noch geringfügig zu. Die Verweilzeit wird also bei Variation der Schweißgeschwindigkeit stärker beeinflußt. Somit ergibt sich je nach Wahl der Schweißdaten bei einer bestimmten Streckenenergie ein qualitativ anderer Temperaturverlauf.

Dieser wird zusätzlich auch dann beeinflußt, wenn bei konstanter Streckenenergie innerhalb konstanter Lichtbogenleistung Strom und Spannung gegenläufig verändert werden (vergl. Bild 37 und 51). Auf diesen Zusammenhang soll an dieser Stelle jedoch nicht näher eingegangen werden, da er in Kap. 6.3 zur Sprache kommt. Im folgenden werden die Auswirkungen der verschiedenen Einflußgrößen der Wärmeableitung aufgezeigt. Variable für die Meßpunkte einer Geraden (Variation der Streckenenergie) ist dabei nur die Schweißgeschwindigkeit.

In den Bildern 21 und 22 sind für eine jeweils andere Lichtbogenleistung Abkühlzeiten über Verweilzeiten für die Parameter Blechdicke und Nahtform (Stoßart) aufgetragen worden. Es ist ein deutlicher Parametereinfluß auf das Verhältnis der Kenngrößen festzustellen, der besonders bei größeren Schmelzbädern, also bei entsprechend großer Streckenenergie sowie kleinen Schweißgeschwindigkeiten zur Wirkung kommt. Mit zunehmender Blechdicke bzw. bei Kehlnähten am T-Stoß gegenüber Auftragraupen, also mit zunehmender Verschärfung der Abkühlbedingungen, nehmen bei gleichen Verweilzeiten oberhalb 800°C die Abkühlzeiten ab.

In den Bildern 23 und 24 werden die Zusammenhänge bei verschiedenen Vorwärmtemperaturen aufgezeigt. Mit zunehmender Verschärfung der Abkühlbedingungen infolge niedrigerer Vorwärmtemperatur werden auch hier bei gleichen Verweilzeiten oberhalb 800°C die Abkühlzeiten besonders für große Streckenenergien bzw. kleine Schweißgeschwindigkeiten kürzer.

Der Einfluß der Wärmeleitfähigkeit verschiedener schweißbarer Stähle auf das Verhältnis von Abkühlzeit zu Verweilzeit wurde nicht ermittelt, weil sich die Wärmeleitfähigkeit für die unlegierten und niedriglegierten schweißbaren Baustähle nur im Temperaturbereich unterhalb 800°C und hier nur in einem solchen Maße unterscheidet [55], daß der zu erwartende Einfluß auf das Verhältnis von Abkühlzeit zu Verweilzeit als vernachlässigbar klein angesehen wird.

Die in den Bildern 21 - 24 aufgezeigten Zusammenhänge erklären sich folgendermaßen: Um bei unterschiedlichen Wärmeableitungsbedingungen eine bestimmte Abkühlzeit von 800 bis 500°C nicht zu unterschreiten, muß bei konstant gehaltener Lichtbogenleistung um so langsamer geschweißt werden, je schroffer die Abkühlbedingungen sind. Dadurch verlängert sich die Zeit, in der sich ein Punkt der Blechoberfläche bzw. der Schweißraupe im Einflußbereich des Lichtbogens befindet [44], und infolgedessen die Verweilzeit bei gleicher Abkühlzeit.

Bei hoher Lichtbogenleistung läßt sich für Auftragraupen eine "Zusammenschiebung" der Kurven für den Parameter Blechdicke (Bild 22) und Vorwärmung (Bild 24) beobachten. Dies deutet darauf hin, daß sich das Verhältnis von Abkühlzeit zu Verweilzeit unter den gegebenen Bedingungen beim Lichtbogenschweißen nicht beliebig verändern kann. Drückt man dieses Verhältnis faktormäßig aus, so scheint sich dieser beim Schweißen von Auftragraupen bei Raumtemperatur in den Grenzen von etwa 0,5 bis 2,5 und bei Vorwärmung auf 260°C von etwa 1 bis 6 bewegen zu können. Durch die Vorwärmung wird somit eine sehr starke Verschiebung dieses Verhältnisses hervorgerufen.

6.2.2 Einfluß der Schweißbedingungen auf das Verhältnis der Abkühlzeit von 800 - 500°C zu der von 800 - 300°C

In Bild 25 wird die Abkühlzeit von 800 bis 500°C über der von 800 bis 300°C für den Parameter Vorwärmung dargestellt. Mit zunehmender Vorwärmung ergibt sich eine deutliche Verschiebung der Kurven zu längeren Abkühlzeiten von 800 - 300°C bei gleichen Abkühlzeiten von 800 bis 500°C. Dies läßt sich so erklären: Mit zunehmender Vorwärmtemperatur wird das Ausgangstemperaturniveau näher an das zu betrachtende Temperaturintervall herangerückt. Da die Vorwärmung um so stärker abkühlungsverzögernd wirkt, je mehr man sich der Ausgangstemperatur nähert, wird die Abkühlzeit von 800 bis 300°C gegenüber der von 800 bis 500°C stärker beeinflußt. Dieser Zusammenhang wird auch durch die Gleichungen (9) und (10) - s. Kap. 5 - in der Tendenz richtig beschrieben, Bild 34 und 35.

Bild 26 gibt die Relation der Abkühlzeiten für die Parameter Blechdicke und Nahtform bei variabler Streckenenergie wieder. Der Einfluß dieser beiden Parameter auf das Verhältnis der beiden Kenngrößen ist jedoch so gering, daß man ihn vernachlässigen kann.

Faßt man die Ergebnisse aus Kap. 6.1 und 6.2 zusammen, so kann festgestellt werden, daß das Verhältnis der Abkühlzeit von 800 bis 500°C zur Verweilzeit oberhalb 800°C vom Meßort und der Wahl der Schweißdaten innerhalb einer konstanten Streckenenergie sowie von den Einflußgrößen der Wärmeableitung - Blechdicke, Nahtform (Stoßart) und Vorwärmtemperatur - abhängig ist (Bild 14, 20 - 24). Auf das Verhältnis der Abkühlzeit von 800 bis 500°C zu der von 800 bis 300°C wirkt sich dagegen nur die Vorwärmtemperatur aus (Bild 25 und 26). Aufgrund dieser qualitativen Veränderungen läßt sich der gesamte Temperaturverlauf durch nur e i n e Kenngröße nicht ausreichend beschreiben.

6.2.3 Auswirkung eines qualitativ veränderten Temperaturverlaufs auf die maximale Härte in der WEZ

6.2.3.1 Einfluß der Austenitisierungsbedingungen bei gleichem Abkühlverlauf

Die Verweilzeit oberhalb 800°C soll in diesem Zusammenhang neben der Spitzentemperatur die Austenitisierungsbedingungen kennzeichnen. Um festzustellen, in welchem Maße sie sich auf den Austenitzustand und damit auf das Umwandlungsverhalten während der Abkühlung auswirkt, wurden Härtemessungen an Schweißungen durchgeführt, die bei gleicher Abkühlzeit von 800 bis 500°C verschiedene Verweilzeiten oberhalb 800°C aufwiesen. Dies wurde durch Schweißungen auf verschieden dicke Bleche erreicht. Variable zur Erzielung verschiedener Streckenenergien bzw. Abkühlzeiten war die Schweißgeschwindigkeit.

Zur Ausschaltung von Chargenunterschieden wurden die Bleche unterschiedlicher Dicke aus einem 30 mm dicken Blech herausgearbeitet. Die Blechoberfläche, auf die geschweißt wurde, lag gegenüber dem ursprünglichen Blech in 5 mm Tiefe. Dadurch wurden häufig zu beobachtende Unterschiede der chemischen Zusammensetzung in Blechdickenrichtung (Kohlenstoffverarmung in den Oberflächenbereichen) ausgeschaltet. Die Prüflast wurde so gewählt, daß bei allen Schweißungen der Härteeindruck wesentlich kleiner als die Breite der aufgehärteten Grobkornzone war. Deshalb sind Fehler auszuschließen, die von vorhandener oder nicht vorhandener Stützwirkung benachbarter Zonen herrühren.

In Bild 27 und 28 sind die Härtemeßergebnisse über der Abkühlzeit dargestellt worden. Während an der Nahtwurzel ein geringer Einfluß der unterschiedlichen Verweilzeiten bei gleichen Abkühlzeiten zu erkennen ist, wird ein solcher an der Flanke nicht sichtbar. Bei dem 25 mm dicken Blech ergeben sich an der Nahtwurzel geringere Härten bei im Vergleich zum 10 mm dicken Blech längeren Verweilzeiten (Bild 21 und 22). Der gleiche Zusammenhang läßt sich bei einem Vergleich der Härte an Wurzel und Flanke feststellen, Bild 29. Auch hier werden geringere Härten bei längeren Verweilzeiten (Flanke) gemessen (s. Bild 14).

Obwohl Verweilzeitunterschiede zwischen Wurzel und Flanke im allgemeinen geringer als beim Schweißen auf die hier sehr unterschiedlich dicken Bleche sind, ist der festgestellte Härteunterschied größer. Diese Tatsache und die im Falle Bild 28 nicht vorhandene Auswirkung läßt darauf schließen, daß die Verweilzeit oberhalb 800°C als kennzeichnende Größe der Austenitisierungsbedingungen nicht besonders geeignet zu sein scheint. Deshalb wurden auch Verweilzeiten oberhalb 1200°C ermittelt, um den stärkeren Einfluß höherer Austenitisierungstemperaturen auf den Austenitisierungszustand besser zu erfassen.

Parameterabhängige Einflüsse auf diese Kenngröße ließen sich innerhalb des untersuchten Parameterbereiches nicht feststellen. Jedoch ergab sich ein Unterschied zwischen Wurzel und Flanke einer Auftragraupe, Bild 31 und 32. Im Bereich unmittelbar neben der Schmelzlinie ergeben sich an der Wurzel Verweilzeiten oberhalb 1200°C bis zu einer Sekunde, an der Flanke bis zu drei Sekunden.

Anhand dieser Ergebnisse wird deutlich, weshalb bei den Härtemessungen größere Unterschiede nur zwischen Wurzel und Flanke festgestellt wurden bzw. beim Schweißen auf unterschiedlich dicke Bleche trotz verschiedener Verweilzeiten oberhalb 800°C an der Nahtflanke solche nicht vorhanden sind.

Obwohl eine abschließende Bewertung der Aussagefähigkeit der Verweilzeit oberhalb 800°C als kennzeichnende Größe der Austenitisierungsbedingungen anhand der durchgeführten Härtemessungen nicht möglich ist, scheint festzustehen, daß sie nur eingeschränkt aussagefähig ist. Genauere, das Zähigkeitsverhalten der Verbindung besser erfassende Untersuchungen müßten durchgeführt werden.

Es muß an dieser Stelle noch einmal auf die Ergebnisse der Härtemessungen eingegangen werden. Die Feststellung, daß bei annähernd gleichem Abkühlverhalten bei längeren Verweilzeiten bzw. ausgeprägterem Temperaturmaximum geringere Härten gemessen werden, wirft einen Widerspruch auf. Es ist allgemein bekannt, daß ein grobes, homogenes Austenitgefüge umwandlungsträger ist. Dies geht auch aus einem Vergleich zwischen Schweiß-ZTU-Schaubild und herkömmlichem ZTU-Schaubild hervor [21, 58]. Demnach müßten unter bestimmten Abkühlbedingungen bei gleichem Abkühlverhalten und längeren Verweilzeiten bzw. ausgeprägterem Temperaturmaximum (z.B. an Flanke gegenüber Wurzel) höhere Härten gemessen werden.

Eine endgültige Erklärung für das widersprüchliche Verhalten kann hier nicht gegeben werden. Dazu müßten spezielle Untersuchungen durchgeführt werden. Jedoch könnten folgende Gründe maßgebend sein:

1. Verstärkte Kohlenstoffdiffusion im Bereich der Flanke aus der WEZ in das C-ärmere Schweißgut infolge des zeitlich ausgeprägteren Temperaturmaximums [58].

2. Beim Schweißen handelt es sich um extrem schnelle Vorgänge. Je nach Schweißbedingungen und Ausgangsgefügezustand (Entmischung) des Grundwerkstoffs könnte somit im Bereich der Wurzel die Zeit nicht ausreichen, einen homogenen Austenit herbeizuführen. Die Folge wäre, daß nach erfolgter Abkühlung wieder in starkem Maße inhomogenes Gefüge vorliegt bzw. daß der Entmischungszustand im Wurzelbereich erhalten bleibt. Nach schneller Abkühlung kann ein solches Gefüge aufgrund der C-reicheren und damit härteren Martensitbereiche eine höhere Ge-

samthärte als ein insgesamt martensitreicheres Gefüge aufweisen.

3. Es könnte eine auf dem Einbauprinzip der Thermoelemente beruhende Verfälschung des an der Raupenwurzel mit eingebauten Thermoelementen gemessenen Temperaturverlaufs in dem Sinne vorliegen, daß die festgestellten Unterschiede zwischen Wurzel und Flanke in Wirklichkeit größer sind, aber nicht erkannt werden, weil sich aufgrund der Einbautechnik innerhalb kurzer Zeit an der Raupenwurzel ein Wärmestau in Richtung der Thermoelementbohrung ergibt, der in Wirklichkeit aber nicht vorhanden ist (s. Bild 8). Dies würde bedeuten, daß die Umwandlung aufgrund wesentlich höherer Anfangsabkühlgeschwindigkeiten im Wurzelbereich bei tieferen Temperaturen beginnt und damit gegenüber der Flanke verstärkt in der Zwischen- oder Martensitstufe abläuft.

6.2.3.2 Auswirkung der qualitativen Veränderung des Temperaturverlaufs bei Vorwärmung auf die maximale Härte in der WEZ

Da die Vorwärmung sich außer auf das Verhältnis von Abkühlzeit zu Verweilzeit auch auf das Verhältnis der Abkühlzeiten auswirkt (Bild 25), kommt ihr eine besondere Bedeutung zu. In Bild 33 sind Temperatur-Zeit-Kurven für das Schweißen mit und ohne Vorwärmung gegenübergestellt. Die Abkühlzeit von 800 bis 500°C betrug in beiden Fällen 14,5 Sekunden. Die zur Erzielung gleicher Abkühlzeiten beim Schweißen mit Vorwärmung erforderliche geringere Streckenenergie wurde durch die Erhöhung der Schweißgeschwindigkeit erreicht. Dadurch ergibt sich ein weniger ausgeprägtes Temperaturmaximum und bis zu einer bestimmten Temperatur eine höhere Abkühlgeschwindigkeit. Erst ab einer bestimmten Temperatur, die von den gesamten Schweißbedingungen abhängt, kehren sich die Verhältnisse um und die mit Vorwärmung geschweißte Naht kühlt langsamer ab. Aufgrund der veränderten Austenitisierungsbedingungen und des qualitativ veränderten Abkühlverlaufs ist eine Verschiebung von Umwandlungsbeginn und -ende und somit ein anderer Gefügezustand in der WEZ zu erwarten. Härtemessungen an Auftragraupen ließen deutliche Unterschiede erkennen, Bild 30. Der Grund dafür ist hauptsächlich in dem qualitativ deutlich veränderten Abkühlverlauf zu suchen (s. Bild 25 und 33).

Die Vorwärmung hat also günstige Auswirkungen auf die Gefügeeigenschaften. Hinsichtlich der Verarbeitung von vergüteten höherfesten Stählen wirkt sich neben einem günstigeren Eigenspannungszustand positiv aus, daß gegenüber dem Schweißen ohne Vorwärmung bei gleicher Abkühlzeit von 800 - 500°C die WEZ und damit auch die Erweichungszone schmaler ist und daß infolge der Möglichkeit des schnelleren Schweißens das Schmelzgut thermisch weniger geschädigt wird.

6.2.4 Abschließende Wertung der Ergebnisse

6.2.4.1 -unter dem Aspekt der Auswirkung auf Gefügeeigenschaften

Da der Gefügezustand eines Stahles nach der Abkühlung neben seiner chemischen Zusammensetzung vom Austenitisierungszustand - Korngröße und Homogenität - abhängt und darüber hinaus die Umwandlungs- und Ausscheidungsvorgänge der Stähle in verschiedenen Temperaturbereichen der Abkühlphase stattfinden, sind durch die aufgezeigten qualitativen Veränderungen des Temperaturverlaufs Gefüge- und Eigenschaftsänderungen zu erwarten. Die durchgeführten Härtemessungen ergaben erste Anhaltspunkte dafür, daß derartige Beeinflussungen auftreten. Deshalb ist die Kennzeichnung des Temperaturverlaufs durch nur e i n e Kenngröße unter Umständen nicht ausreichend und es muß somit die heute praktizierte Möglichkeit der Zuordnung zwischen dieser e i n e n Kenngröße und mechanisch-technologischen Eigenschaften des Gefüges der WEZ zunächst mit gewissen Einschränkungen betrachtet werden.

Da aber der Härtewert nur eine wenig differenzierende Aussagefähigkeit hinsichtlich des Verformungsvermögens besitzt, müßte anhand geeigneterer mechanisch-technologischer Kriterien der Einfluß von unterschiedlichen Austenitisierungszuständen und Vorwärmtemperaturen bei gleicher Abkühlzeit zwischen 800 und 500°C für wärmeempfindliche Stähle auf deren Verformungseigenschaften untersucht werden. Erst dann ist es möglich, die Bedeutung dieser Einflüsse und ihre eventuelle schweißtechnische Berücksichtigung richtig zu bewerten.

Heute werden in zunehmendem Maße Schweiß-ZTU-Schaubilder zur Beurteilung der Schweißbarkeit eines Stahles oder zum Festlegen von Schweißbedingungen für eine bestimmte Schweißaufgabe herangezogen. Es wird davon ausgegangen, daß das Schweiß-ZTU-Schaubild alle möglichen Kombinationen von Wärmeeinbringung und -ableitung beinhaltet. Es ist dabei aber wichtig, daß neben einem Höchstmaß an Übereinstimmung der Austenitisierungsbedingungen für die im ZTU-Schaubild eingezeichneten Abkühlkurven äquivalente Abkühlbedingungen beim Schweißen vorliegen. Das hier allein schon von den schweißtechnischen Möglichkeiten Unterschiede bestehen, haben die Temperaturmeßergebnisse gezeigt. Gerade durch die Kenntnis dieser Unterschiede und ihrer Abhängigkeiten sowie ihrer Auswirkungen auf die Gefügeeigenschaften wird aber erst die Möglichkeit gegeben, die Aussagefähigkeit von Schweiß-ZTU-Schaubildern einer systematischen Überprüfung durch den praktischen Schweißfall zu unterziehen.

6.2.4.2 - unter dem Aspekt der Berechnung des Temperaturverlaufs

Aufgrund der vereinfachenden Modellannahmen (s. Kap. 5) werden in den bekannten Gleichungen die zwischen Raupenwurzel und -flanke bestehenden qualitativen Unterschiede des Temperaturverlaufs nicht erfaßt. Lediglich in den Gleichungen (1) und (2) wird der Temperaturverlauf in Abhängigkeit des Abstandes von der Schmelzlinie tendenzmäßig richtig beschrieben

[15]. Geht man von den vereinfachten Gleichungen (3) bis (11) aus, müssen sich zwangsläufig Abweichungen zwischen berechneten und experimentell ermittelten Kenngrößen des Temperaturverlaufs in der Größenordnung der in Kap. 6.1 aufgezeigten Meßortunterschiede ergeben.

In gleicher Weise entstehen Fehler bei der Berechnung dadurch, daß der Temperaturverlauf an einem bestimmten Meßort je nach Schweißbedingungen qualitative Veränderungen erfährt, die rechnerisch mit Ausnahme des Einflusses der Vorwärmung unberücksichtigt bleiben:
Streckenenergie, Blechdicke und physikalische Stoffkennwerte der Wärmeleitung lassen sich in den Gleichungen zu einem Faktor zusammenfassen, wodurch sich unabhängig von der Zusammensetzung dieser Größen bei konstantem Faktor rechnerisch immer dasselbe Ergebnis ergibt.

In den Gleichungen berücksichtigt wird die qualitative Beeinflussung des Abkühlverlaufs durch die Vorwärmung, Bild 34 und 35. Wie aber anhand der berechneten Kurven (Geraden) aus den Bildern zu entnehmen ist, weichen die beim Schweißen vorliegenden qualitativen Abkühlverläufe von den berechneten ab und sind letztere außerdem für zwei- und dreidimensionale Wärmeleitung unterschiedlich. Hinsichtlich einer Angleichung durch Korrekturfaktoren bedeutet das, daß ein Korrekturfaktor nur für eine ganz bestimmte Kenngröße Gültigkeit besitzt (Bild 36).

Anhand der bisher aufgezeigten Fehlerursachen deutet sich schon an, wie umfassend ein System von Korrekturfaktoren zur Angleichung bzw. allgemeinen Brauchbarmachung der bekannten mathematischen Lösungen und damit der dazu erforderliche experimentelle Aufwand wäre.

6.3 Streckenenergie als Kenngröße des Wärmeeinbringens beim Lichtbogenschweißen

Als Grundvoraussetzung für eine hinreichend genaue Berechnung von Temperaturverläufen muß die richtige Erfassung der durch das Schweißen in das Werkstück eingebrachten Wärmemenge angesehen werden. Sie wird in der Schweißtechnik allgemein auf die Nahtlängeneinheit bezogen, ist unter dem Begriff "Streckenenergie" bekannt und errechnet sich aus dem Produkt Stromstärke mal Spannung dividiert durch die Schweißgeschwindigkeit zum Beispiel in kJ/cm. In dieser Dimension ist der Faktor Zeit nicht enthalten. Die Zeit spielt aber gerade hinsichtlich der Wärmeverteilung im Werkstück bzw. der Verlustwärme durch Leitung in dieses eine Rolle und ist somit für den Temperaturverlauf von Bedeutung.

Im folgenden wird untersucht, inwieweit die in der Praxis häufig benutzte und in den Formeln zur Berechnung des Temperaturverlaufes als Kenngröße der Wärmeeinbringung enthaltene Streckenenergie brauchbar ist. Hierzu wurden Temperaturmessungen an Auftragraupen bei unterschiedlicher Kombination der Schweißparameter, aber konstanter rechnerischer Streckenenergie durchgeführt. Um festzustellen, ob sich ein Zusammenhang zwischen der dadurch hervorgerufenen Veränderung des Temperaturverlaufes und des Lichtbogenwirkungsgrades ergibt, wurde letzterer für die gleichen Schweißdatenkombinationen ermittelt.

Darüber hinaus werden in diesem Zusammenhang Verfahrenseinflüsse sowie der Einfluß des Drahtdurchmessers untersucht.

6.3.1 Wirkung der beeinflußbaren Schweißparameter bei konstanter Streckenenergie auf den Temperaturverlauf in der WEZ

Beim Lichtbogenschweißen lassen sich zwei systematische Variationsmöglichkeiten der Schweißparameter unter Konstanthaltung der Streckenenergie unterscheiden:

a) Gegenläufige Veränderung von Schweißstrom und Lichtbogenspannung bei konstanter Lichtbogenleistung und Schweißgeschwindigkeit.

b) Gleichlaufende Veränderung von Lichtbogenleistung und Schweißgeschwindigkeit unter Zugrundelegung einer festen Beziehung zwischen Strom und Spannung.

Im Fall b) wurde zwischen Strom und Spannung die feste Beziehung U /V/ = 0,05 I /A/ + 14 in Anlehnung an eine für das Schutzgasschweißen unter CO_2 empfohlene Faustregel gewählt /53/.

Da bei den Versuchen jeweils mindestens zwei Größen verändert wurden, ist die grafische Darstellung der Ergebnisse als ebenes Problem unvollständig. Deshalb wurden die Schweißdaten in Tabelle 3 vollständig aufgeführt.

In Bild 37 ist der Einfluß gegenläufiger Veränderung von U und I bei konstantem Produkt U · I und konstanter Schweißgeschwindigkeit auf die Abkühlzeit von 800 bis 500°C wiedergegeben. Jeweils nebeneinander liegende Kurven haben den gemeinsamen Parameter Streckenenergie, jedoch unterschiedliche Parameter Lichtbogenleistung und Schweißgeschwindigkeit. Jeweils untereinander liegende Kurven weisen den gemeinsamen Parameter Lichtbogenleistung, aber aufgrund der unterschiedlichen Schweißgeschwindigkeit verschiedene Streckenenergien auf.

Aus der Darstellung geht hervor, daß mit steigender Stromstärke und abnehmender Lichtbogenspannung die Abkühlzeiten grundsätzlich länger werden. Die Höhe der Beeinflussung ist zum einen von der Lichtbogenleistung abhängig (erkenntlich aus den unterschiedlichen Anstiegen bei gleicher Streckenenergie), zum anderen hängt sie von den einen mittleren Wert der Abkühlzeit von 800 - 500°C bestimmenden Größen der Wärmeeinbringung und -ableitung ab, Bild 37 - 39.

In der gleichen Weise wie die Abkühlzeit von 800 bis 500°C wird auch die Abkühlzeit von 800 bis 300°C beeinflußt, Bild 40.

Im Falle der jeweils in der Mitte der Kurven liegenden Meßpunkte in Bild 37, also bei 270 und 350 A, besteht zwischen Strom und Spannung die Beziehung U [V] = 0,05 I [A] + 14. Führt man sie als feste Relation zwischen U und I ein, gibt es nur noch die zweite Möglichkeit der Schweißdatenkombination bei konstanter Streckenenergie, die gleichlaufende Veränderung von Lichtbogenleistung und Schweißgeschwindigkeit.

Die Bilder 41 und 42 stellen den Einfluß derartiger Schweißparameterkombination auf die Abkühlzeiten dar. Mit zunehmender Schweißgeschwindigkeit und Stromstärke bzw. Lichtbogenleistung nehmen die Abkühlzeiten annähernd linear zu. Der Anstieg der Geraden ist von den einen mittleren Wert der Abkühlzeit bestimmenden Faktoren - Art und Größe von Wärmeeinbringung und -ableitung - abhängig. Außerdem wirkt sich eine zwischen U und I verschieden gewählte Beziehung infolge der andersartigen Variation der Gesamtheit der Schweißdaten auf den Anstieg der Geraden aus, Bild 41 oben.

Faßt man die Ergebnisse aus Bild 37 und 41 zusammen und trägt sie über der Schweißgeschwindigkeit auf, Bild 43, so wird ersichtlich, daß es unter den gegebenen Bedingungen möglich ist, durch Variation der Schweißparameter bei konstanter Streckenenergie die Abkühlzeit von 800 bis 500°C erheblich zu beeinflussen. Selbst unter Berücksichtigung der bei diesen Untersuchungen absichtlich extrem gewählten Variationsbreite der Schweißbedingungen, die für die Praxis nicht in Frage kommt, bleibt dieser Einfluß zumindest bei den mit einer im Verhältnis zu anderen Schweißverfahren größeren Variationsbreite arbeitenden Schutzgasverfahren von Bedeutung.

Für die aufgezeigten Veränderungen der Abkühlzeit kommen zwei Gründe in Frage:

1. Während die Schweißparameter bei der Berechnung der Streckenenergie gleichberechtigte Faktoren sind, wirken sie sich hinsichtlich des Lichtbogenwirkungsgrades unterschiedlich aus, das heißt, dieser muß je nach Variation der Schweißdaten unterschiedlich angenommen werden.

2. Nicht nur die absolut eingebrachte Wärmemenge, sondern auch die wärmeübertragende Fläche (Schmelzlinie) und die anfängliche Wärmeverteilung im Werkstück sowie die sich dadurch ändernden örtlichen Wärmeableitungsbedingungen im Bereich der Naht beeinflussen den Temperaturverlauf in der ersten Phase der Abkühlung bis zum Temperaturausgleich im Nahtbereich (s. Kap. 6.1 und 6.2).

6.3.1.1 Wirkung der beeinflußbaren Schweißparameter bei konstanter Streckenenergie auf den Lichtbogenwirkungsgrad

Die Untersuchungen wurden entsprechend den Bedingungen der Temperaturmeßversuche durchgeführt. Der Lichtbogenwirkungsgrad ist als das Verhältnis der gesamten dem Werkstück zugeführten Wärmeenergie zur elektrischen, im Lichtbogen umgesetzten Energie ($U \cdot I \cdot t$) definiert.

Aus Bild 44 geht hervor, daß bei gegenläufiger Veränderung von Strom und Spannung mit zunehmendem Strom und abnehmender Spannung der Lichtbogenwirkungsgrad zunimmt. Die Gründe für diese Zunahme sind:

1. Abnahme der Verluste durch Konvektion und Strahlung:
Mit abnehmender Spannung wird der Lichtbogen kürzer und

mit gleichzeitig zunehmender Stromstärke geht der bei den anfänglichen Werten diffus brennende Lichtbogen mit großem Durchmesser in einen gebündelten hoher Leistungsdichte über. Da der Lichtbogen sich aufgrund dessen auch stärker in die Bauteiloberfläche "eingräbt", werden die infolge höherer Leistungsdichte örtlich höheren Strahlungsverluste dem Werkstück verstärkt wieder zugeführt.

2. Zunahme der Abschmelzleistung infolge optimalerer Ausnutzung der elektrisch umgesetzten Energie (s. Nahtüberhöhungsfläche F_1 in Bild 45). - Mit kürzer werdendem Lichtbogen und seiner zunehmenden Verlagerung in Richtung Werkstück wird das freie Drahtende länger. Diese Verlängerung und die Zunahme der spezifischen Stromstärke bewirken, daß ein größerer Anteil an der gesamten elektrisch umzusetzenden Energie verlustarm durch Widerstandserwärmung des freien Drahtendes ausgenutzt wird. Da gleichzeitig die Drahtvorschubgeschwindigkeit zunimmt, wird sich die Temperatur im Draht nicht entsprechend erhöhen, so daß auch die Lichtbogenwärme gut an den abschmelzenden Draht abgegeben werden kann.

Aus Bild 44 geht hervor, daß der Lichtbogenwirkungsgrad im Falle der kleineren Lichtbogenleistung bei gleicher Variationsbreite der Stromstärke eine geringere prozentuale Veränderung erfährt. Die somit in geringerem Maße veränderte eingebrachte Wärmemenge findet ihren Ausdruck in einer geringeren Abkühlzeitänderung, Bild 37.

In Bild 46 ist der Lichtbogenwirkungsgrad in Abhängigkeit gleichlaufender Veränderung von Lichtbogenleistung und Schweißgeschwindigkeit bei konstanter Streckenenergie ausgewiesen. Um diese Werte zu erhärten, sind zusätzlich die Ergebnisse einer Versuchsserie dargestellt, bei der nur die Lichtbogenleistung und nicht auch die Schweißgeschwindigkeit verändert wurde (variable Streckenenergie). Punkte gleicher Stromstärke unterscheiden sich lediglich durch die Schweißgeschwindigkeit. Läßt man ihren Einfluß zunächst unberücksichtigt, so findet man, daß mit zunehmendem Strom und steigender Lichtbogenspannung der Lichtbogenwirkungsgrad zunächst abnimmt, bei etwa 270 A in einem anscheinend kritischen Stromstärkebereich für den gewählten Drahtelektrodendurchmesser (1,6 mm) ein Minimum erreicht, dann wieder zunimmt und bei großen Strömen und entsprechend hoher Spannung wieder leicht abfällt.

Dieser diskontinuierliche Verlauf findet seine Begründung im wesentlichen in dem unterschiedlichen Brennverhalten des Lichtbogens, dem unterschiedlichen Tropfenübergang und Tropfenvolumen und den je nach Art des Lichtbogens und Tropfenübergangs verschieden hohen Spritzverlusten. Im Kurzlichtbogenbereich (200 A, 24 V) sind die Strahlungsverluste klein und auch die Spritzverluste gering, letztere infolge kleinerer übergehender Tropfen und eines relativ schwächeren Pincheffektes sowie zäherer Schmelzbäder. Außerdem ist bei diesen Lichtbogenleistungen die Materialverdampfung gering. Somit ist der Wirkungsgrad besser als im Bereich des Langlichtbogens. In diesem erreicht er ein Minimum bei der kritischen Stromstärke, bei der der Lichtbogen unruhig brennt und die Spritzverluste größer sind. Obwohl im Falle weiterer Erhöhung des Schweißstromes die Spannung zunimmt, steigt bei Überschreiten der kritischen Stromstärke der Lichtbogenwirkungsgrad wieder an, weil einerseits die Spritzverluste geringer werden und andererseits die mit der Spannung wachsenden Verluste durch Konvektion und Strahlung aufgrund der mit dem Strom zunehmenden "grabenden Wirkung" des Lichtbogens dem Werkstück nicht verloren gehen. Die bei noch höheren Strömen bzw. Lichtbogenleistungen wieder leicht abfallende Tendenz des Lichtbogenwirkungsgrades wird auf steigende Werkstoffverdampfung zurückgeführt. Außerdem kann von dem mit wachsender Schweißgeschwindigkeit länger werdenden Schweißbad mehr Wärme abgestrahlt werden.

Auffallend in Bild 46 ist, daß über den gesamten Bereich der Stromstärke (Lichtbogenleistung) der Wirkungsgrad nur verhältnismäßig wenig von einem mittleren Niveau nach oben und unten abweicht.

Der Einfluß der Schweißgeschwindigkeit auf den Wirkungsgrad ist immer im Zusammenhang mit der Lichtbogenleistung zu sehen. Die Ergebnisse in Bild 48 verdeutlichen dies. Während im Falle der beiden kleineren Lichtbogenleistungen mit zunehmender Schweißgeschwindigkeit eine geringe Abnahme des Wirkungsgrades zu beobachten ist, nimmt er im Falle der großen Leistung mit zunehmender Schweißgeschwindigkeit zu. Hierfür können nur entgegengesetzt wirkende Einflüsse verantwortlich sein. Einerseits wird mit zunehmender Schweißgeschwindigkeit das Schmelzbad länger und die Strahlungsverluste nehmen zu, andererseits sind vornehmlich bei großen Leistungen und entsprechend kleinen Schweißgeschwindigkeiten die Verluste durch Materialverdampfung so groß, daß in solch einem Fall die Erhöhung der Schweißgeschwindigkeit zunächst infolge einer verstärkten Abnahme der schmelzbadseitigen Verdampfungsverluste zu einer Zunahme des Wirkungsgrades führt. So sind auch die geringen Verschiebungen der einzelnen sich hinsichtlich der Schweißgeschwindigkeit unterscheidenden Kurven in Bild 46 zu erklären.

Zusammenfassend ergibt sich, daß der thermische Lichtbogenwirkungsgrad für die gewählten Versuchsbedingungen überwiegend von der Lichtbogenleistung und hier vor allem von der Wahl der sie bestimmenden Größen - Schweißspannung und Stromstärke - abhängt (s. Bild 44 und 46).

Den bei den gewählten Schweißdatenkombinationen ermittelten Lichtbogenwirkungsgraden im Bereich von etwa 80 bis 90 % stehen Veränderungen der Abkühlzeit zwischen 800 und 500°C gegenüber, die je nach eingebrachter Wärmemenge und den vorliegenden Wärmeableitungsbedingungen so groß sein können, daß sie zu einer Verdoppelung der Werte führen.

6.3.1.2 Auswirkung der anfänglichen Wärmeverteilung auf den Temperaturverlauf

Da sich Strom und Spannung unterschiedlich auf Einbrandform und -tiefe eines bestimmten Werkstoffs auswirken und außerdem der zeitliche Verlauf der Wärmeeinwirkung (Schweißgeschwindigkeit) für die örtliche und zeitliche Temperaturverteilung maßgebend ist, werden die anhand der Abkühlzeit in den Bildern 37 bis 42 aufgezeigten Veränderungen des Temperaturverlaufs auch dadurch mitbestimmt. Dies geht besonders deutlich aus der nicht vorhandenen tendenzmäßigen Übereinstimmung des Verlaufs von Abkühlzeit und Lichtbogenwirkungsgrad bei gleichlaufender Veränderung von Lichtbogenleistung und Schweißgeschwindigkeit bei fester Beziehung zwischen Strom und Spannung hervor (Bild 41 und 46). Während der Lichtbogenwirkungsgrad im betrachteten Bereich nur geringen diskontinuierlichen Veränderungen unterliegt, nimmt die Abkühlzeit mit zunehmender Lichtbogenleistung und Schweißgeschwindigkeit kontinuierlich zu. Diese Zunahme ist darauf zurückzuführen, daß im Falle größerer Lichtbogenleistungen und Schweißgeschwindigkeiten vor Beginn der Abkühlung ein geringerer Anteil an Wärme in das Werkstück abfließt.

Um abschätzen zu können, in welchem Maße sich die anfängliche Wärmeverteilung im Werkstück bei gegenläufiger Veränderung von Strom und Spannung und konstanter Streckenenergie auf den Temperaturverlauf auswirkt, wurden parallel Messungen an Raupenwurzel und -flanke sowie im Schweißgut nahe der Oberfläche durchgeführt. In Bild 50 sind die Abkühlzeiten von 800 bis 500°C für die drei Meßorte über der Stromstärke aufgetragen worden. Grundsätzlich ergibt sich für alle Meßorte die gleiche ansteigende Tendenz mit zunehmendem Strom.

Die Ursachen für die unterschiedliche Höhe der an den einzelnen Meßstellen ermittelten Werte sind in Kap. 6.1 beschrieben.

Aus Bild 50 ist nur ein geringer Einfluß der anfänglichen Wärmeverteilung auf die Abkühlzeit von 800 bis 500°C, erkennbar im leicht unterschiedlichen Anstieg der beiden Geraden, festzustellen: Mit zunehmender Stromstärke, also mit zunehmend tiefer und schmaler werdendem Einbrand (Bild 53), nimmt der Unterschied zwischen Wurzel- und Oberflächenmessung leicht zu. Der Einfluß wäre größer, wenn das Verhältnis von Blechdicke zu Einbrandtiefe nicht so klein wie bei der verwendeten Blechdicke von 10 mm, und hier besonders bei der Stromstärke von 400 A, gewesen wäre (siehe deshalb auch Bild 39).

Ein wesentlich deutlicherer Einfluß der anfänglichen Wärmeverteilung läßt sich auf die Verweilzeit oberhalb 800°C beobachten. In Bild 51 ist die Verweilzeit für Raupenwurzel und -flanke in Abhängigkeit gegenläufiger Veränderung von Strom und Spannung - aufgetragen über der Stromstärke - dargestellt. Vergleicht man die Meßergebnisse von Wurzel und Flanke, so ergibt sich hier ein deutlicher Unterschied. Während die Verweilzeit oberhalb 800°C an der Raupenflanke mit zunehmender Stromstärke und sinkender Spannung gleich bleibt oder leicht ansteigt, ergibt sich bei gleicher Veränderung der Schweißparameter an der Wurzel ein deutlicher Abfall der Werte. Die Verweilzeitunterschiede zwischen Wurzel und Flanke, die bis zu mehreren Sekunden betragen können, sind um so größer, je tiefer und schmaler der Einbrandquerschnitt ist. Sie werden außerdem durch das Verhältnis von Blechdicke zu Einbrandtiefe mitbestimmt, wie aus einer Gegenüberstellung der Verweilzeiten an Wurzel und Flanke für ein 10- und 20 mm Blech geschlossen werden kann, Bild 52.

Da sich eine schnelle Abkühlung in der Anfangsphase - gekennzeichnet durch kurze Verweilzeiten - verlängernd auf die Abkühlzeit von 800 bis 500°C auswirkt, ist der etwas steilere Anstieg der Geraden für die Raupenwurzel (Bild 39 und 50) mit dem nur an dieser Meßstelle zu beobachtenden Verweilzeitverlust bei zunehmender Stromstärke zu erklären.

Anhand dieser Ergebnisse läßt sich insgesamt erkennen, daß bei gegenläufiger Veränderung von Strom und Spannung die festzustellende Abkühlzeitänderung vornehmlich auf die gleichzeitige Wirkungsgradänderung zurückzuführen ist. Bei gleichlaufender Veränderung von Lichtbogenleistung und Schweißgeschwindigkeit und fester Beziehung zwischen Strom und Spannung spielt dagegen die anfängliche Wärmeverteilung die größere Rolle. Die Abkühlzeitänderungen sind darauf zurückzuführen, daß je nach Schweißgeschwindigkeit und Lichtbogenleistung vor Beginn der Abkühlung der Schweißnaht eine unterschiedlich große Wärmemenge in das Blech abfließt.

6.3.2 Einfluß des Drahtdurchmessers

Mit abnehmendem Drahtdurchmesser nimmt im allgemeinen die spezifische Strombelastung der Drähte zu. Daraus resultiert eine Veränderung der Leistungsdichte des Lichtbogens sowie der konduktiven Vorerwärmung des freien Drahtendes. Deshalb sind beim Schweißen mit gleichen Schweißdaten und unterschiedlichen Drahtdurchmessern in der Tendenz die gleichen Auswirkungen auf Temperaturverlauf und thermischen Lichtbogenwirkungsgrad zu erwarten, die für gegenläufige Veränderung von U und I bei konstanter rechnerischer Lichtbogenleistung und Schweißgeschwindigkeit diskutiert wurden.

Bei gegenläufiger Veränderung von U und I nehmen mit zunehmender Stromstärke und abnehmender Spannung die Abkühlzeiten und der Lichtbogenwirkungsgrad zu. Aus den gleichen genannten Gründen ist dies auch beim Schweißen mit gleichen Schweißdaten und abnehmendem Drahtdurchmesser der Fall, Bild 55 - 57.

Wie aus der Nahtüberhöhungsfläche (Bild 57) geschlossen werden kann, wird der Lichtbogenwirkungsgrad in erster Linie aufgrund einer höheren Abschmelzleistung bei dem kleineren Drahtdurchmesser verbessert.

6.3.3 Einfluß des Schweißverfahrens

Anhand der im folgenden diskutierten Ergebnisse soll die Bedeutung der beim Schutzgasschweißen unter CO_2 festgestellten und durch die Wahl der beeinflußbaren Schweißparameter bei konstanter Streckenenergie bedingten Auswirkungen auf den Temperaturverlauf für die übrigen Lichtbogenverfahren bewertet werden.

Bild 58 zeigt die Abkühlzeit von 800 bis 500°C in Abhängigkeit gegenläufiger Veränderung von Strom und Spannung bei konstanter Lichtbogenleistung und Schweißgeschwindigkeit für das Schutzgasschweißen mit verschiedenen Gasen. Danach sind bei Verwendung von Argon + 2 % O_2 unter gleichen Schweißbedingungen die Abkühlzeiten kürzer als bei CO_2. Außerdem wirkt sich die gegenläufige Veränderung von Strom und Spannung bei Verwendung von Argon + 2 % O_2 stärker als bei CO_2 aus. Dies läßt sich auch hinsichtlich des Lichtbogenwirkungsgrades beobachten, Bild 60. Da der Argonlichtbogen gegenüber einem CO_2-Lichtbogen aufgrund eines geringeren elektrischen Widerstandes bei gleichen Schweißdaten länger ist, sind die Verluste größer (Bild 59 und 60). Deshalb ist auch bei gegenläufiger Veränderung von U und I der Lichtbogen und damit der Lichtbogenwirkungsgrad größeren Veränderungen unterworfen, Bild 60.

Die Temperaturmeßergebnisse beziehen sich auf die Messung mit eingetauchten Thermoelementen. Aufgrund der bei Argon typischen Einbrandverhältnisse (Bild 61) sind an der Raupenwurzel noch extremere Abkühlzeitänderungen zu erwarten.

In Bild 62 wird die Abkühlzeit von 800 bis 500°C in Abhängigkeit gegenläufiger Veränderung von Strom und Spannung für das Unterpulver- und CO_2-Schweißen gegenübergestellt. Um vergleichbare Ergebnisse zu erzielen, werden die UP-Schweißungen auch mit dem sonst nicht üblichen Drahtdurchmesser von 1,6 mm und einem Düsenabstand von 20 mm auf der für sämtliche Versuche verwendeten Schutzgasschweißanlage durchgeführt.

Neben insgesamt längeren Abkühlzeiten nimmt auch beim UP-Schweißen bei gegenläufiger Veränderung von U und I mit zunehmender Stromstärke und abnehmender Spannung die Abkühlzeit zu. Aufgrund der Pulverabdeckung geht beim Unterpulverschweißen jedoch weniger Wärme verloren, wodurch die insgesamt längeren Abkühlzeiten begründet sind.

Auf die Ermittlung des Lichtbogenwirkungsgrades wurde wegen der Pulverabdeckung und der deshalb schwierigen Versuchsdurchführung verzichtet. Da auch der Unterpulverschweißprozeß mit Wärmeverlusten behaftet ist [52], sind bei gegenläufiger Veränderung von U und I in gleicher Weise Lichtbogenwirkungsgradänderungen zu erwarten wie beim Schutzgasschweißen. Die Zunahme der Abkühlzeit mit steigender Stromstärke und abnehmender Spannung ist somit wie beim Schutzgasschweißen auf die Zunahme des Wirkungsgrades und auf Veränderungen der anfänglichen Wärmeverteilung zurückzuführen.

Bei der Einschätzung der in Bild 62 dargestellten Ergebnisse ist zu berücksichtigen, daß es sich dabei um für das UP-Schweißen nicht typische Schweißbedingungen handelt. Da im allgemeinen mit wesentlich dickeren Drähten geschweißt wird, unterliegt das Lichtbogenbrennverhalten bei gegenläufiger Veränderung von U und I nicht den für die hier gewählten Schweißbedingungen anzunehmenden großen Veränderungen. Dies darf aufgrund der bei einem dickeren Draht geringeren Veränderung der spezifischen Strombelastung des freien Drahtendes und einer folglich geringeren Verschiebung des Verhältnisses von im freien Drahtende umgesetzter Energiemenge zu im Lichtbogen umgesetzter Energiemenge angenommen werden. Es ist auch zu berücksichtigen, daß ohnehin nur mit in geringen Grenzen variierten Schweißspannungen und oft mit hohen Streckenenergien gearbeitet wird, bei denen geringe Unterschiede der dadurch langen Abkühlzeiten keine wesentlichen Auswirkungen auf die Gefügeeigenschaften der WEZ haben.

Somit kann davon ausgegangen werden, daß beim UP-Schweißen der Wahl von Strom und Spannung bei konstanter Lichtbogenleistung und Schweißgeschwindigkeit allenfalls im unteren Leistungsbereich eine geringe Bedeutung hinsichtlich der Auswirkungen auf den Temperaturverlauf zukommt.

6.3.4 Zusammenfassung und praktische Erwägungen

Die Untersuchungen zeigen, daß beim Lichtbogenschweißen Temperaturverlauf und Lichtbogenwirkungsgrad durch die verschiedenartige Kombination der Schweißparameter (Lichtbogenspannung, Stromstärke, Schweißgeschwindigkeit, Drahtdurchmesser) bei konstanter rechnerischer Streckenenergie beeinflußt werden.

Sie zeigen außerdem, daß der zeitliche und örtliche Temperaturverlauf neben der sich ändernden absolut eingebrachten Wärmemenge auch durch die Verteilung dieser Wärmemenge zu Beginn der Abkühlung (Raupengeometrie und Zeit, in der eine bestimmte Wärmemenge pro Nahtlängeneinheit eingebracht wird) bestimmt wird. Daher ist die Kenntnis des Lichtbogenwirkungsgrades allein nicht ausreichend, um zu einer genaueren Berechnung des Temperaturverlaufs besonders im Bereich hoher Temperaturen oder von Kenngrößen des Temperaturverlaufs, die durch solche Einflüsse verändert werden, zu kommen.

Die festgestellten Einflüsse sind grundsätzlich bei allen Lichtbogenverfahren vorhanden. Sie haben jedoch bei den Schutzgasverfahren aus den im einzelnen beschriebenen und hier kurz zusammengefaßten Gründen eine größere Bedeutung:

1. Bei diesen wird im Vergleich zu anderen Lichtbogenschweißverfahren mit einer größeren Variationsbreite der Schweißparameter gearbeitet, so daß allein dadurch auch mehr Schweißdatenkombinationen bei konstanter Streckenenergie angewendet werden.

2. Der Lichtbogenwirkungsgrad unterliegt bei den Schutzgasverfahren größeren Veränderungen als beispielsweise beim Unterpulverschweißen. Die geringeren Veränderungen beim Unterpulverschweißen sind nicht nur auf die gegebene Pulver- und Schlackenabdeckung zurückzuführen, sondern auch darauf, daß sich bei gegenläufiger Veränderung von Strom und Spannung bei diesem Verfahren aufgrund größerer Drahtdurchmesser die spezifische Stromstärke und das Brennverhalten des Lichtbogens weniger stark ändern. Aus dem gleichen Grunde und zusätzlich durch die eingeschränkte Variationsbreite der Schweißdaten U und I sind auch beim Handlichtbogenschweißen mit Stabelektrode geringere Beeinflussungen gegeben.

3. Die Verwendung dünner Drahtelektroden beim Schutzgasschweißen und ein breiterer Strombereich ziehen eine im Vergleich zu anderen Lichtbogenschweißverfahren größere Variationsbreite der spezifischen Stromstärke nach sich und führen zusammen mit der Lichtbogenspannung zu unterschiedlichen Energiedichteverteilungen im Lichtbogen und damit zu sehr unterschiedlichen Einbrandformen bzw. Anfangswärmeverteilungen im Werkstück, die einen Einfluß auf den Temperaturverlauf haben.

Insgesamt läßt sich aus diesen Ergebnissen erkennen, daß die Streckenenergie als Kenngröße der Wärmeeinbringung nur eingeschränkt aussagefähig ist. Die Zuordnung zwischen der rechnerischen Streckenenergie und einer Kenngröße des Temperaturverlaufs weist keine eindeutige Abhängigkeit auf.
Um die Variationsbreite der Schweißparameter innerhalb eines Schweißverfahrens abzudecken, wäre es deshalb erforderlich, den Temperaturverlauf für mehrere Drahtdurchmesser im gesamten Leistungsbereich in Parameterstufen in Abhängigkeit der Schweißgeschwindigkeit zu ermitteln. Dies reicht aber auch noch nicht aus, denn es wird dadurch noch nicht berücksichtigt, daß der Temperaturverlauf bei gegenläufiger Veränderung von Strom und Spannung innerhalb einer

konstanten rechnerischen Lichtbogenleistung je nach Schweißverfahren einer mehr oder weniger starken Beeinflussung unterliegt. Eine Abschätzung dieses Einflusses kann jedoch unter dem Gesichtspunkt einer größtmöglichen Versuchseinsparung nach einer in Kap. 7.3 beschriebenen Methode erfolgen.

6.4 Untersuchungen zur Erfassung der Auswirkung von Einflußgrößen der Wärmeableitung auf den Temperaturverlauf durch allgemeingültige Beziehungen

6.4.1 Einfluß von Nahtform und Stoßart der Fügeteile

Je nach Nahtform und Stoßart der Fügeteile sowie Lage der Einzelraupe beim Mehrlagenschweißen ergeben sich unterschiedliche Wärmeableitungsbedingungen und somit Veränderungen im Temperaturverlauf. Da die in der Praxis gebräuchlichen Nahtformen und Stoßarten sowie die übrigen den Temperaturverlauf beeinflussenden Größen sehr zahlreich sind, würde eine systematische experimentelle Ermittlung von Kenngrößen des Temperaturverlaufs auf breiter Ebene einen unvertretbar hohen Versuchsaufwand erfordern. Daraus ergibt sich der Wunsch, bestimmte Einflußgrößen hinsichtlich ihrer Auswirkungen auf den Temperaturverlauf in allgemeingültiger Form erfassen zu können. Da der Einfluß von Nahtform und Stoßart des Bauteils in den bekannten mathematischen Lösungen nicht berücksichtigt wird, wurden hierdurch derartige Bemühungen ausgelöst [3, 21].

In [21] wird zum Beispiel der Winkel bestimmt, der ausgehend vom Mittelpunkt der Schweißraupe alle Richtungen innerhalb eines Kreises mit dem zweifachen mittleren Radius der aufgeschmolzenen Zone umfaßt, in die Wärme abgeleitet wird, Bild 63. Die Werkstückdicke [in cm] als eine die Wärmeableitung bestimmende Größe ist hiernach bei Winkeln unter 120° mit dem Faktor $n = 1$, für Bereiche von 120 bis 210° mit $n = 2$ und für solche größer als 210° mit $n = 3$ zu multiplizieren. Das würde in der genannten Reihenfolge der Faktoren der Wurzelraupe einer Mehrlagen-V-Naht, ihrer

Decklage und einer Kehlnaht am T-Stoß entsprechen.

Derartige Überlegungen geben zwar eine in der Tendenz richtige Beschreibung, können aber keinen Anspruch auf besondere Genauigkeit erheben. Es wurde deshalb anhand des CO_2-Verfahrens experimentell untersucht, ob sich für bestimmte Bereiche gültige Zusammenhänge zwischen Kenngrößen des Temperaturverlaufs zweier verschiedener Nahtformen, zum Beispiel zwischen der Abkühlzeit von 800 bis 500°C einer Auftragraupe (Blindnaht) und einer Kehlnaht am T-Stoß, finden lassen. Die Vergleiche beschränken sich auf Kehlnähte am T-Stoß (ohne Abschrägung der Stegblechstoßfläche), Auftragraupen (entsprechend Decklagen bei Mehrlagenschweißungen) und Wurzellagen bei V-Fugenvorbereitung.

Bild 64 zeigt die unter sonst gleichen Schweißbedingungen an Kehlnähten am T-Stoß und Auftragraupen ermittelten Abkühlzeiten von 800 bis 500°C als Wertepaare für mehrere Schweißgeschwindigkeiten je Parameter Lichtbogenleistung und Blechdicke. Der Übersichtlichkeit halber ist die gleiche Darstellung für den Parameter Vorwärmtemperatur in Bild 65 ausgewiesen. Die beiden Kurvenverläufe in Bild 64 und 65 sind deckungsgleich. Das bedeutet, daß im untersuchten Bereich mit Strömen von 270 bis 350 A bei entsprechenden Lichtbogenspannungen, Schweißgeschwindigkeiten (30 bis 80 cm/min), Blechdicken (10 bis 20 mm) und Vorwärmtemperaturen (20 bis 260°C) ein parameterunabhängiger und somit allgemeingültiger Zusammenhang zwischen den Abkühlzeiten beider Nahtformen besteht. Es darf davon ausgegangen werden, daß dieser für einen größeren als den genannten Bereich gültig ist. Erweiternde Versuche im Blechdickenbereich (6 bis 25 mm) bestätigten dies.

Die gefundene Beziehung gilt für alle Lichtbogenverfahren, denn auf verschiedenen thermischen Lichtbogenwirkungsgraden beruhende Verfahrensunterschiede wirken sich nur in Form veränderter Wärmeleistungen bei gleichem Produkt von Schweißstrom und Lichtbogenspannung aus. Verfahrensspezifische Einbrandunterschiede, die aufgrund einer Veränderung der anfänglichen Wärmeverteilung und der örtlichen Wärmeableitungsbedingungen den Temperaturverlauf beeinflussen, bewegen sich in der Größenordnung von durch Variation der Schweißparameter innerhalb eines Verfahrensbereiches erzielbaren Veränderungen. Beide Einflüsse sind in den Versuchsergebnissen implizit berücksichtigt.

Ein Vergleich mit [29] bestätigt die Gültigkeit für die übrigen Lichtbogenverfahren. Es ergab sich gute Übereinstimmung zwischen den eigenen (CO_2-Verfahren) und dort für das Lichtbogenhandschweißen dargestellten Ergebnissen.

Bei den bisher besprochenen Ergebnissen handelt es sich um den Vergleich zwischen zwei in der geometrischen Fixierung zum Werkstück eindeutig definierten Nahtformen. Dies trifft für die Wurzellage einer Mehrlagen-V-Naht in diesem Sinne nicht zu. Je nach Blechdicke und Wärmeeinbringung (Streckenenergie) handelt es sich hier mehr oder weniger um eine echte Wurzel- bzw. Einlagenschweißung. Bei letzterer ergibt sich gegenüber der Auftragraupe nur ein geringer Unterschied in den Abkühlbedingungen. Dies wird aus den bei langen Abkühlzeiten relativ geringen Abkühlzeitunterschieden zwischen V-Naht und Auftragraupe gegenüber kurzen Abkühlzeiten - nur hier kann eigentlich von einer Wurzellage gesprochen werden (kleine Streckenenergie) - deutlich (Bild 67). So ist es auch erklärlich, daß der Vergleich zwischen beiden Nahtformen in Bild 67 einen Einfluß der Blechdicke aufzeigt.

Auch in diesem Fall ist aber eine allgemeinere Beschreibung der Zusammenhänge möglich, da eine weitere merkliche Verschiebung der Kurven bei über den untersuchten Bereich hinausgehenden Blechdicken nicht zu erwarten ist. Folglich kann bei der praktischen Verwertung der Ergebnisse bei dicken Blechen annähernd von dem Zusammenhang für das 20 mm Blech ausgegangen werden.

Bild 68 vermittelt einen Eindruck von der Veränderung der Abkühlzeit mit zunehmender Lagenzahl bei völliger Abkühlung nach jeder Lage. Die Kenntnis der Zusammenhänge zwischen Wurzellagenschweißung und Auftragraupe (Decklage) ist wichtig, weil in der Praxis bei Mehrlagenschweißungen zwischen dem Schweißen der einzelnen Lagen oft keine vollständige Abkühlung auf Raum- bzw. Vorwärmtemperatur erfolgt und deshalb die ersten Lagen am schnellsten abkühlen [44]. Da die Wurzellage bei gleicher Arbeitstemperatur langsamer als die Decklage (Auftragraupe) abkühlt und der Unterschied nicht sehr groß ist, wird es jedoch in der Praxis im allgemeinen genügen, für die Wurzellage von den Abkühlzeiten der Decklage (Bild 66 und 67) auszugehen.

Für die Praxis sind die in Bild 64 bis 66 und 67 ausgewiesenen Zusammenhänge in Nomogrammform dargestellt, Bild 69 und 70. Das Verhältnis zwischen den Abkühlzeiten an Kehlnähten (T-Stoß) und Auftragraupen kann vereinfachend mit

$$\Delta t_{(\text{K-Naht, T-Stoß})} = 0{,}5 \cdot \Delta t_{(\text{Auftragraupe})}$$

angegeben werden.

Da es für den Praktiker unter Umständen wichtig sein kann, einen Vergleich der Wärmeeinbringungen zu haben, die erforderlich sind, um bei verschiedenen Nahtformen gleiche Temperaturverläufe bzw. Abkühlzeiten zu erreichen, wurde auch unter diesem Gesichtspunkt ausgewertet, Bild 71. Die Auswertung erfolgte so, daß allein die Schweißgeschwindigkeit Variable zum Erzielen unterschiedlicher Streckenenergien ist. Das Ergebnis gilt nur unter dieser Voraussetzung, weil sich durch verschiedene Wahl der Schweißparameter bei konstanter Streckenenergie der Temperaturverlauf merklich beeinflussen läßt (siehe Kap. 6.3). Andernfalls ist, um gleiche Abkühlzeiten zu erhalten, im dargestellten Bereich mit Abweichungen der Streckenenergie bis zu $\pm$ 4 kJ/cm zu rechnen. Da die in Bild 71 dargestellte Abhängigkeit annähernd lineares Verhalten zeigt, läßt sie sich durch die einfache Beziehung

$$E_{(\text{Kehlnaht, T-Stoß})} = 1{,}5\ E_{(\text{Auftragraupe})}$$

beschreiben. Das Verhältnis zwischen Auftragraupe und V-Naht-Wurzellage kann man in dieser einfachen Form nicht angeben, da ein Werkstückdickeneinfluß vorhanden ist.

Es ist möglich, mit einem verhältnismäßig geringen Versuchsaufwand allgemeingültige Beziehungen auch zwischen Auftragraupe und weiteren in der Schweißtechnik häufig vorkommenden Nahtformen und den zugehörigen Stoßarten zu ermitteln. Dadurch kann das Problem der Ermittlung von Kenndaten des Temperaturverlaufs in Abhängigkeit von den Einflußgrößen auf eine einzige Nahtform - zweckmäßig auf die Auftragraupe (Blindnaht) - eingeschränkt werden.

6.4.2 Einfluß von Blechdicke, Vorwärmtemperatur und Wärmeleitfähigkeit des Werkstoffs

Die im vorigen Kapitel beschriebenen Ergebnisse brachten den Schluß nahe, daß auch die Auswirkungen der übrigen Einflußgrößen der Wärmeableitung auf den Temperaturverlauf durch allgemeingültige Beziehungen erfaßt werden können. Deshalb wurden die Untersuchungen auch auf diese Einflußgrößen ausgedehnt.

In Bild 72 ist die Abkühlzeit von 800 bis 500°C bzw. 800 bis 300°C für zwei Blechdicken unter gleichen Schweißbedingungen gegenübergestellt. Es ergibt sich qualitativ der gleiche Verlauf wie bei der Gegenüberstellung von Auftragraupe und Kehlnaht am T-Stoß (Bild 64, 65). Selbst durch die in den Ergebnissen als Parameter enthaltenen unterschiedlichen Nahtformen findet keine Verschiebung der somit allgemeingültigen Beziehung statt.

In den Bildern 73 bis 75 bzw. 76 bis 77 sind die Ergebnisse für den Einfluß der Vorwärmung bzw. der Wärmeleitfähigkeit des Werkstoffs ausgewiesen. Auch hier ergeben sich allgemeingültige Beziehungen.

Es besteht jedoch ein Unterschied: Während für Nahtform- und Blechdickeneinfluß die Beziehungen von der gewählten Kenngröße des Temperaturverlaufs unabhängig sind, ist dies bei den beiden letztgenannten Einflußgrößen nicht der Fall.

Aus Bild 76 und 77 läßt sich ablesen, daß der aufgrund unterschiedlicher Stahlzusammensetzung gegebene Einfluß der Wärmeleitfähigkeit des Werkstoffs bei den unlegierten und mikrolegierten schweißbaren Stählen so gering ist, daß bei diesen Stählen von den für St 37 gültigen Abkühlzeiten ausgegangen werden kann.

Zusammenfassend ist festzustellen, daß sich sämtliche Einflußgrößen der Wärmeableitung auf den Abkühlverlauf im Bereich einer Schweißverbindung in einer Form relativieren lassen, in der Parametereinflüsse nicht wirksam bzw. kompensiert sind. Es wurde damit eine Möglichkeit gefunden, auf experimentellem Wege bei minimalem Aufwand infolge stark reduzierbarer Versuchszahlen Kenndaten des Temperaturverlaufs für die gebräuchlichen Lichtbogenverfahren und die gesamte Verfahrensbreite der Schweißparameter sowie die Anwendungsbreite der Einflußgrößen der Wärmeableitung zu ermitteln (siehe Kap. 7).

6.4.3 Vergleich zwischen experimentell und rechnerisch ermittelten Beziehungen

Obwohl anhand der relativierten Erfassung der Auswirkung von Einflußgrößen der Wärmeableitung auf Kenngrößen des Temperaturverlaufs keine absolute Bewertung vorgenommen werden kann, ergibt sich hierdurch in anschaulicher Weise eine Möglichkeit, die im stark vereinfachten Lösungsansatz begründeten Abweichungen zwischen berechneten und experimentell ermittelten Kenngrößen aufzuzeigen.

In Bild 78 ist der rechnerisch ermittelte Zusammenhang für den Einfluß der Blechdicke dargestellt. Wenn man unabhängig vom Gültigkeitsbereich der beiden Gleichungen

$$(9)\quad \Delta t_{8/5} = \frac{E}{2\pi\lambda}\left(\frac{1}{500 - T_o} - \frac{1}{800 - T_o}\right) \quad \text{und}$$

$$(10)\quad \Delta t_{8/5} = \frac{E^2 a}{4\pi\lambda^2 d^2}\left(\frac{1}{(500 - T_o)^2} - \frac{1}{(800 - T_o)^2}\right)$$

die Berechnung durchführt, wird der funktionale Zusammenhang in Bild 78 durch

$$\Delta t_{8/5}\ (d_2 = 2\ \text{cm}) = \Delta t_{8/5}\ (d_1 = 1\ \text{cm}) \quad \text{für}$$

dreidimensionale Wärmeleitung und

$$\Delta t_{8/5}\ (d_2 = 2\ \text{cm}) = \frac{d_1^{\ 2}}{d_2^{\ 2}}\ \Delta t_{8/5}\ (d_1 = 1\ \text{cm}) = \frac{1}{4}\ \Delta t_{8/5}\ (d_1 = 1\text{cm})$$

für zweidimensionale Wärmeleitung beschrieben (Kennzeichnung in Bild 78 durch die dünn gestrichelten Geraden). Der Gültigkeitsbereich der Gleichungen ist aber durch Blechdicke, Streckenenergie und Vorwärmtemperatur bestimmt (Kap. 5 und Bild 7), so daß sich der Übergang von für beide Blechdicken dreidimensionaler zu zweidimensionaler Wärmeableitung in Form der dick ausgezogenen Kurven (Bild 78) darstellt, das heißt, in diesem Übergangsbereich zwischen den beiden Geraden kommt bei der Berechnung für das 20 mm dicke Blech Gleichung (9) und für das 10 mm dicke Blech Gleichung (10) zur Anwendung.

Gemäß der Beschaffenheit beider Gleichungen wird auf diese Übergangsfunktion ein Einfluß des Parameters Vorwärmtemperatur sowie der betrachteten Kenngröße des Temperaturverlaufs wirksam. Bei den experimentellen Ergebnissen zeigen sich derartige Einflüsse nicht, Bild 72. Außerdem ist die Übergangsfunktion von den eingesetzten Werten für die Wärmeleitfähigkeit λ und die Temperaturleitzahl a abhängig, da die Temperaturleitzahl a nur in Gleichung (10) vorkommt.

Neben diesen Unterschieden zeigt der Vergleich zwischen experimentell und rechnerisch ermittelten Beziehungen (Bild 79), daß in den Berechnungsformeln der Einfluß der Blechdicke quantitativ falsch beschrieben wird.

Die Bilder 80 und 81 zeigen den Vergleich für den Parameter Vorwärmtemperatur. Der Übersichtlichkeit halber wurde auf das Einzeichnen von Übergangsfunktionen verzichtet (vergleiche Bild 78 und 79), die im Gegensatz zum experimentellen Ergebnis aufgrund der Beschaffenheit der Gleichungen von der Blechdicke abhängig sind. Aus den Darstellungen läßt sich so schon deutlich erkennen, daß auch der Einfluß der Vorwärmtemperatur in den Gleichungen nicht richtig beschrieben wird.

Anhand dieser Vergleiche ergibt sich auch mathematisch der Beweis, daß die experimentell ermittelten Beziehungen zur Erfassung der Einflußgrößen der Wärmeableitung auf den Temperaturverlauf weitgehend als von Parametereinflüssen unabhängige und damit allgemeine Gültigkeit besitzende Beziehungen aufgefaßt werden können: Zunächst einmal ergeben sich auch rechnerisch bis auf den Bereich der Übergangsfunktion (s. Bild 78) parameterunabhängige Beziehungen. Bezüglich der Übergangsfunktion ist aber zu berücksichtigen, daß einerseits die Parametereinflüsse verhältnismäßig gering sind und andererseits hier die Berechnung ohnehin problematisch erscheinen muß, weil in diesem Bereich der Anwendung der Gleichungen (9) und (10) die ihnen zugrunde liegenden Modellansätze von den wirklichen Verhältnissen besonders stark abweichen. Die zwischen experimentell und rechnerisch ermittelten Beziehungen bestehenden grundlegenden Abweichungen sind ganz allgemein auf die stark vereinfachten Lösungsansätze zurückzuführen.

Letzte Klarheit über die Parameterunabhängigkeit konnten jedoch nur die experimentellen Untersuchungen bringen, weil bei der Berechnung die Wärmeabfuhr durch Strahlung und Konvektion unberücksichtigt bleibt. Da der Anteil der so abgeführten Wärme an der gesamten abzuführenden Wärmemenge je nach Wärmeeinbringung, Wärmeverteilung zu Beginn und während der Abkühlung sowie je nach Wärmeableitungsbedingungen in das Werkstück unterschiedlich hoch ist, sind somit, wenn man im herkömmlichen Sinne von konstanten Wärmeableitungsbedingungen spricht, die gesamten Wärmeabfuhrbedingungen in gewissen Grenzen veränderlich. Dadurch bedingte Auswirkungen mußten durch die Variation der jeweils nicht zum Vergleich anstehenden Einflußparameter bei der experimentellen Ermittlung der allgemeingültigen Beziehungen untersucht werden. Da aber der Anteil der durch Strahlung und Konvektion abgeführten Wärmemenge vergleichsweise gering ist und die dadurch bedingten Auswirkungen auf den Temperaturverlauf aufgrund der relativierten Darstellungsweise ohnehin nur in abgeschwächter Form in die Beziehungen eingehen, kommt man zu diesem sehr positiven Ergebnis.

7. AUFZEIGEN EINER VERSUCHSKONZEPTION ZUR EXPERIMENTELLEN ERMITTLUNG DES TEMPERATURVERLAUFS FÜR BELIEBIGE SCHWEISSBEDINGUNGEN BEIM LICHTBOGENSCHWEISSEN

7.1 Allgemeines

Die im Rahmen dieser Arbeit im Zusammenhang mit den Versuchsergebnissen angestellten Betrachtungen bezüglich der Berechnung des Temperaturverlaufs beim Schweißen haben gezeigt, daß die Berechnung nach den von [1, 3] hergeleiteten Gleichungen nur sehr ungenau ist. Aufgrund der Vielseitigkeit der Fehlerursachen scheint es fast unmöglich zu sein, die Gleichungen derart zu korrigieren, daß sie eine allgemeine Aussagefähigkeit erlangen. Wollte man trotzdem diesen Weg gehen, wäre das mit einem unvertretbar hohen Versuchsaufwand verbunden. Aufgrund der Komplexheit der Einflußgrößen und ihrer funktionalen Zusammenhänge muß auch eine diese besser erfassende analytische Lösung ausgeschlossen werden. Es bleibt daher nur der direkte experimentelle Weg übrig.

Anhand der gewonnenen Erkenntnisse zeichnet sich die Möglichkeit ab, das angestrebte übergeordnete Ziel - die Kenntnis des Temperaturverlaufs für die gebräuchlichen Lichtbogenschweißverfahren in Abhängigkeit der gesamten Verfahrensbreite der Schweißparameter sowie der äußeren die Wärmeableitung beeinflussenden Größen - mit der erforderlichen Genauigkeit bei verhältnismäßig geringem Aufwand zu erreichen. Die Erkenntnis, daß sich alle Einflußgrößen der Wärmeableitung bezüglich ihrer Auswirkung auf den Temperaturverlauf in allgemeingültigen parameterunabhängigen Beziehungen relativieren lassen, hat hierbei die entscheidende Bedeutung, denn dadurch wird es möglich, die erforderliche Anzahl von Versuchen beträchtlich zu reduzieren.

Für jedes Schweißverfahren ist der Verfahrensbereich der Lichtbogenleistung, der Schweißgeschwindigkeit und des Drahtdurchmessers nur für e i n e Konstellation der äußeren Wärmeableitungsbedingungen, die die Bezugsgröße für die relativierte Erfassung der Parameterbereiche der Einflußgrößen der Wärmeableitung darstellt, also bei einer Blechdicke, Vorwärm- bzw. Arbeitstemperatur, Nahtform und Stahlsorte durch Versuche abzudecken. Die dadurch gegebene Herabsetzung der Versuchszahlen ist besonders wichtig, weil die die Wärmeeinbringung bestimmenden Größen (Schweißparameter) nicht in einfacher Form zur Streckenenergie zusammengefaßt werden können (s. Kap. 6.3), was daher die Versuchszahl zur Abdeckung des Verfahrensbereichs erhöht.

Es sind dann zum Beispiel für das CO_2-Verfahren unter Zugrundelegung von 4 Drahtdurchmessern und je 5 entsprechenden Lichtbogenleistungen sowie jeweils 5 Schweißgeschwindigkeiten (Variable) 4 x 5 x 5 = 100 Versuche erforderlich. Die Wahl von Strom und Spannung erfolgt dabei nach einer für das Verfahren festgelegten festen Beziehung. Das bedeutet aber, es wird noch nicht berücksichtigt, daß bei gegebener Lichtbogenleistung der Temperaturverlauf durch die Wahl von Strom und Spannung beeinflußt wird.

Je nach der gestellten Schweißaufgabe kann aber die genaue Kenntnis des Temperaturverlaufs wichtig sein. Da der genannte Einfluß bei den Schutzgasverfahren erheblich ist (s. Kap. 6.3.4), wird hierfür zu seiner Berücksichtigung das in Kap. 7.3 erläuterte Korrekturverfahren vorgeschlagen.

Beim Handlichtbogenschweißen mit Stabelektroden kann aufgrund der geringen Variationsbreite der Schweißparameter der Verfahrensbereich durch eine vertretbare Anzahl von Versuchen so gut abgedeckt werden, daß eine Abschätzung von Abkühlzeiten für nicht berücksichtigte Schweißdatenkombinationen im obigen Sinne entfällt.

Auch beim Unterpulverschweißen wird eine solche Korrektur in den meisten Fällen nicht erforderlich sein (s. Kap. 6.3.4 und 6.3.5).

Außer den Versuchen zur Abdeckung der Verfahrensbereiche der einzelnen Schweißverfahren müssen die in dieser Arbeit vorgestellten allgemeingültigen Beziehungen zur Erfassung der Einflußgrößen der Wärmeableitung den Erfordernissen der Praxis entsprechend in den Parameterbereichen erweitert werden. Es werden dazu noch maximal 150 bis 200 Versuche notwendig werden.

Die Temperaturmessung kann mit in das Schmelzbad eingetauchten Thermoelementen durchgeführt werden. Dies bedeutet eine erhebliche Reduzierung des Zeitaufwandes. Um möglichst genaue Ergebnisse zu erzielen, sollten mindestens 5 Thermoelemente je Versuch zur Anzeige gebracht werden können. Unter diesem Gesichtspunkt und der Messung im quasistationären Bereich müssen je nach Schweißgeschwindigkeit, Streckenenergie und Wärmeableitungsbedingungen die Probenbleche genügend groß dimensioniert werden (s. Kap. 4.3.2).

Die Ergebnisse in Kap. 6.1 haben gezeigt, daß sich im Bereich einer Schweißnaht Unterschiede im Temperaturverlauf ergeben, die je nach Schweißbedingungen, aber besonders beim Schweißen mit Vorwärmung ganz beträchtlich sein können. Hinsichtlich der Abkühlzeit von 800 bis 500°C kann eine Abschätzung für den Wurzelbereich der WEZ anhand der Bilder 15, 16 und 19 erfolgen.

7.2 Wahl der Versuchsbedingungen zur Abdeckung der Verfahrensbereiche

Um den Gesamtbereich üblicher Wärmeeinbringung bei den Lichtbogenschweißverfahren erfassen zu können, müssen die Versuche bei einer mittleren Blechdicke durchgeführt werden. Es wird daher eine Versuchsblechdicke von 20 mm vorgeschlagen.

Die Versuchsdurchführung soll einfach und kostensparend sein. Deshalb empfehlen sich als günstige weitere Parameter der äußeren Wärmeableitungsbedingungen:

1. Nahtform - Auftragraupe (entspricht Decklage bei der Mehrlagenschweißung und je nach Blechdicke und Wärmeeinbringung Einlagenschweißung)
2. Arbeitstemperatur - Raumtemperatur
3. Werkstoff - St 37-3

Im einzelnen sollte bei den verschiedenen Schweißverfahren wie folgt vorgegangen werden:

1) Schutzgasschweißen unter CO_2

Vorschlag der festen Beziehung zwischen U und I zur Abdeckung des Leistungsbereichs:

$$U\,[V] = 0{,}05\,I\,[A] + 14$$

4 Drahtdurchmesser: 0,8; 1,2; 1,6 und 2,0 mm
Abstufung des Leistungsbereiches je nach Drahtdurchmesser in 5 Stufen:

Beispiel:

Draht-Ø mm	Q_1	Q_2	Q_3	Q_4	Q_5	
1,2	4,94 23,5 210	6,12 25,5 240	7,42 27,5 270	9,14 29,5 310	11,0 31,5 350	Q = U · I [kJ/s] U [V] I [A]
1,6	6,12 25,5 240	7,42 27,5 270	9,14 29,5 310	11,0 31,5 350	13,07 33,5 390	Q = U · I [kJ/s] U [V] I [A]

Variation der Schweißgeschwindigkeit (5 verschiedene) je nach Lichtbogenleistung im Bereich von 30 bis 120 cm/min.
Maximale Versuchszahl: 4 x 5 x 5 = **100**

2) Schutzgasschweißen unter Argon

Vorschlag der festen Beziehung zwischen U und I zur Abdeckung des Leistungsbereichs:

$$U\,[V] = 0{,}05\,I\,[A] + 10$$

Sonst gleiches Vorgehen wie bei CO_2.
Maximale Versuchszahl: 4 x 5 x 5 = **100**

3) Unterpulverschweißen

Vorschlag der festen Beziehung zwischen U und I zur Abdeckung des Leistungsbereichs:

$$I\,[V] = 0{,}01\,I\,[A] + 23$$

Sonst gleiches Vorgehen wie beim Schutzgasschweißen.
Maximale Versuchszahl: 4 x 5 x 5 = 100

4) Handlichtbogenschweißen mit Stabelektrode

Zusätzliche Einflußparameter: Umhüllungsdicke und -typ durchführen für:
Umhüllungstyp: Kb, Ti
Umhüllungsdicke: d, s
Kerndrahtdurchmesser: 4 verschiedene
Lichtbogenleistung (Strom und Spannung) entsprechend dem Kerndrahtdurchmesser wählen (nach Firmenangabe). Davon abweichend nach unten und oben je zwei weitere Leistungen wählen.

Schweißgeschwindigkeiten (je 3 - 4 verschiedene) praxisnah festlegen.
Maximale Versuchszahl: 2 x 2 x 4 x 3 x 4 = 192

Bei einer endgültigen Festlegung der Versuchsbedingungen sollte der Ratschlag des Praktikers Berücksichtigung finden.

Die sich nach diesem Vorschlag ergebende Zahl von 500 Versuchen stellt das äußerste Maximum dar. Da der Einfluß des Drahtdurchmessers relativ gering ist, kann hier beim Schutzgasschweißen und beim UP-Schweißen wahrscheinlich eine Reduzierung vorgenommen werden. Durch methodisches Vorgehen bei der Versuchsdurchführung und gleichzeitiges Auswerten der Meßergebnisse kann die Entscheidung darüber während der Versuchsdurchführung gefällt werden.

Unter Berücksichtigung der Versuche zur Erweiterung der Parameterbereiche für die allgemeingültige Erfassung der äußeren Einflußgrößen der Wärmeableitung (s. Kap. 6.4) und der Tatsache, daß nach Treffen aller Vorbereitungen an einer Versuchsanlage täglich etwa 20 Versuche durchgeführt werden können, sollte einer Realisierung dieses Versuchsprogrammes und damit der Lösung des sehr dringlichen Problems nichts im Wege stehen.

7.3 Berücksichtigung des Einflusses gegenläufiger Veränderung von Strom und Spannung bei konstanter Lichtbogenleistung auf die Abkühlzeit von 800 - 500°C

Ausgehend von den Abkühlzeiten, die nach Durchführung des unter 7.1 und 7.2 beschriebenen Versuchsprogramms in Form einer Tabelle vorliegen, kann bei Abweichung von Strom und Spannung von der für das Schweißverfahren zugrunde gelegten Beziehung U = f (I) die Abweichung der aktuellen Abkühlzeit $\Delta t_{8/5}$ vom Tabellenwert $\Delta t_{8/5\ T}$ durch ein Korrekturverfahren hinreichend genau bestimmt werden.

Die Ergebnisse in Bild 37 und 39 zeigen (siehe Anstiege der Geraden), daß das Maß der Auswirkung dieses Einflusses auf die Abkühlzeit von der gewählten Lichtbogenleistung (siehe Bild 37) und den einen mittleren Wert der Abkühlzeit (entspricht $\Delta t_{8/5\ T}$) bestimmenden Größen der Wärmeeinbringung und -ableitung abhängig ist und daß sich die Abkühlzeitänderung annähernd linear zur gegenläufigen Strom- und Spannungsänderung verhält.

Von diesen Gegebenheiten ausgehend läßt sich die Abweichung $\Delta\Delta t_{8/5}$ zwischen aktuellem und Tabellenwert nach der Größengleichung

$$\Delta\Delta t_{8/5}\ [s] = \Delta t_{8/5\ T}\ [s] \cdot Q\ [J/s] \cdot K \cdot (\pm\Delta I\ [A])$$

bestimmen. Die korrigierte Abkühlzeit ergibt sich dann zu

$$\Delta t_{8/5} = \Delta t_{8/5\ T} \pm \Delta\Delta t_{8/5} \quad .$$

In der Größengleichung bedeutet das Produkt $\Delta t_{8/5\ T} \cdot Q \cdot K$ den Anstieg der Geraden (siehe Bild 37 - 39), wobei $\Delta t_{8/5\ T}$ und Q die Variation des Anstieges beschreiben und K ein für jedes Verfahren konstanter mittlerer Anpassungsfaktor ist.

K wurde für das CO_2-Verfahren aus den zur Verfügung stehenden Ergebnissen der Bilder 37 - 39 im Mittel zu $0{,}34 \cdot 10^{-6}$ bestimmt. Der Fehler, der durch die Annahme der Konstanz des in Wirklichkeit leicht schwankenden Wertes von K entsteht, liegt nach einer Schätzung im Bereich von Abkühlzeiten $\leq$ 25 Sekunden bei maximal $\pm$ 1 Sekunde.

Gemäß der Größengleichung müssen zur Ermittlung der korrigierten Abkühlzeit vorab Q, $\Delta t_{8/5\ T}$ und ΔI wie folgt bestimmt werden:

gegeben z.B.: CO_2-Verfahren, U = 27,6 V, I = 400 A,
v_s = 46,3 cm/min, Draht-Ø 1,6 mm,
Blechdicke 30 mm, Vorwärmtemperatur 100°C,
Auftragraupe, St 37-3.

a) $Q = U \cdot I = 11040$ J/s

b) $\Delta t_{8/5\ T}$ entsprechend Q und den übrigen Schweißbedingungen aus Tabelle

c) Zur Bestimmung von ΔI wird zunächst nach der Beziehung für das CO_2-Verfahren (U_o [V] = 0,05 I_o [A] + 14) I_o für die gegebene Lichtbogenleistung berechnet:

$$I_o\,[A] = -140 + \sqrt{140^2 + \frac{Q\,[J/s]}{0{,}05}} = 350\ A.$$

ΔI ergibt sich dann aus

$$\Delta I = I - I_o,$$ im gegebenen Fall

also zu + 50 A.

8. ZUSAMMENFASSUNG

Der Lichtbogenschweißprozeß ruft infolge der örtlichen Wärmeeinwirkung Gefügeveränderungen in der Wärmeeinflußzone der Schweißnaht hervor, die je nach chemischer Zusammensetzung des Stahles sowie der Wahl der Schweißbedingungen so ungünstig sein können, daß es zu einer unzulässigen Versprödung in bestimmten Bereichen der Wärmeeinflußzone kommt und die Gefahr der verzögerten Rißbildung unter Einwirkung von Schweißeigenspannungen und Betriebsbelastungen besteht. Es ist daher für die Schweißpraxis außerordentlich wichtig, den Temperaturverlauf in Abhängigkeit beliebiger Schweißbedingungen zu kennen, um anhand beispielsweise von Schweiß-ZTU-Schaubildern die Schweißdaten für die gegebene Schweißaufgabe gezielt festlegen zu können. Zahlreiche theoretische und experimentelle Arbeiten haben sich mit diesem Problem beschäftigt, ohne das von einem abschließenden, für die Praxis brauchbaren Ergebnis gesprochen werden kann.

Die im Rahmen der vorliegenden Arbeit durchgeführte experimentelle Analyse des zeitlichen und örtlichen Temperaturverlaufs beim Schweißen hat Ergebnisse gebracht, aus denen ein praktikabler Lösungsweg zur umfassenden experimentellen Bestimmung des Temperaturverlaufs in Abhängigkeit der Einflußgrößen abgeleitet werden konnte.

Bei den durchgeführten Untersuchungen erfolgte die quantitative Erfassung der Veränderung des Temperaturverlaufs durch die Bestimmung von Kenngrößen aus den mit Thermoelementen gemessenen Temperatur-Zeit-Kurven. Die gewählten Kenngrößen - Verweilzeit oberhalb 800 bzw. 1200°C und Abkühlzeit von 800 bis 500 bzw. 300°C - beschreiben die Austenitisierungszeit und das Abkühlverhalten im Umwandlungsbereich der Stähle.

Im einzelnen wurde zunächst der örtliche Temperaturverlauf untersucht. Vergleichsmessungen an verschiedenen Stellen des Schweißnahtquerschnittes zeigten, daß der Temperaturverlauf meßortspezifische (qualitative) Unterschiede aufweist. Daraus resultiert, daß die aus den gemessenen Temperatur-Zeit-Kurven bestimmten Abkühlzeiten und Verweilzeiten meßortabhängig sind. So ermittelt man bei Auftragraupen in der WEZ dicht neben der Schmelzlinie im Nahtwurzelbereich längere Abkühlzeiten von 800 - 500°C als im Schweißgut in der Nähe der Raupenoberfläche. Die qualitativen Unterschiede im Temperaturverlauf wirken sich in einem unterschiedlichen Verhältnis von Abkühlzeit zu Verweilzeit aus, d.h. bei gleicher Abkühlzeit von 800 - 500°C ist die Verweilzeit im Austenitgebiet und damit der Austenitisierungszustand unterschiedlich. Das Ausmaß der örtlichen Unterschiede im Temperaturverlauf hängt von den gewählten Schweißbedingungen ab. Insbesondere wirkt sich eine Erhöhung der Vorwärmtemperatur unterschiedvergrößernd aus.

Bei der Messung an einer bestimmten Stelle der Schweißnaht wurde festgestellt, daß sich auch durch die Verschiedenheit der Kombination der Schweißbedingungen qualitative Veränderungen im Temperaturverlauf ergeben. Das Verhältnis der Abkühlzeit von 800 bis 500°C zur Verweilzeit oberhalb 800°C verändert sich in Abhängigkeit von der Wahl der Schweißdaten zur Erzielung einer bestimmten Wärmeeinbringung, der Höhe der Wärmeeinbringung (Streckenenergie) und den Wärmeableitungsbedingungen. Eine besondere Rolle kommt auch hier wieder der Vorwärmung zu. Durch sie wird nicht nur das Verhältnis von Abkühlzeit zu Verweilzeit beeinflußt, sondern es tritt auch eine qualitative Veränderung des gesamten Abkühlverlaufes ein.

Da aufgrund eines je nach Meßort und Schweißbedingungen qualitativ anderen Temperaturverlaufes Auswirkungen auf die Gefügeeigenschaften zu erwarten sind, wurden Härtemessungen durchgeführt. Als Vergleichskriterium wurde die Abkühlzeit von 800 bis 500°C gewählt. Deutliche Unterschiede der maximalen Härte in der WEZ wurden zwischen Wurzel und Flanke sowie an jeweils dem gleichen Meßort beim Schweißen mit und ohne Vorwärmung festgestellt. Diese Untersuchungen sind jedoch nur als ein erster Versuch anzusehen. Um die möglichen Auswirkungen richtig bewerten zu können, müßte der Einfluß von unterschiedlichen Austenitisierungszuständen und Vorwärmtemperaturen bei gleicher Abkühlzeit von 800 bis 500°C anhand geeigneterer mechanisch-technologischer Kriterien auf die Zähigkeitseigenschaften wärmeempfindlicher Stähle untersucht werden.

Eine große Bedeutung kommt der richtigen Erfassung der im Werkstück eingebrachten Wärmemenge zu. Die sie bestimmenden Schweißdaten werden heute allgemein in einfacher Form zur Streckenenergie zusammengefaßt. Die Untersuchungen über diese Kenngröße der Wärmeeinbringung haben gezeigt, daß je nach Wahl der beeinflußbaren Schweißparameter bei konstanter rechnerischer Streckenenergie ($U \cdot I/v_s$) der Temperaturverlauf in sehr erheblichem Maße beeinflußt wird. Analog zu diesen Untersuchungen durchgeführte Lichtbogenwirkungsgradbestimmungen bestätigen zwar, daß die beobachteten Veränderungen des Temperaturverlaufs in besonderem Maße auf Lichtbogenwirkungsgradänderungen zurückzuführen sind; ein Vergleich zeigt aber auch, daß der Temperaturverlauf durch die gleichzeitig sehr unterschiedliche Anfangswärmeverteilung eine Beeinflussung erfährt. Somit ist auch bei Kenntnis des Lichtbogenwirkungsgrades in Abhängigkeit der Schweißdaten noch keine ausreichende Kennzeichnung der Wärmeeinbringung gegeben. Hier spielt besonders die Schweißleistung bzw. die Zeit eine Rolle, in der eine bestimmte Wärmemenge pro Nahtlängeneinheit in das Werkstück eingebracht wird. Bei kleiner Leistung und Schweißgeschwindigkeit fließt schon eine vergleichsweise größere Wärmemenge in das Blech ab (im Lichtbogenwirkungsgrad nicht erfaßt), bevor die Abkühlung der Schweißnaht nach Verlassen des Lichtbogenbereiches einsetzen kann. Dies führt im genannten Falle zu einer kürzeren Abkühlzeit als beim Schweißen mit großer Leistung und Schweißgeschwindigkeit bei gleicher rechnerischer Streckenenergie.

In die Untersuchungen über die Streckenenergie wurde auch der Einfluß des Drahtdurchmessers und des Schweißverfahrens einbezogen. Eine Verringerung des Drahtdurchmessers bei konstanter rechnerischer Streckenenergie (gleiche Schweißstromstärke, -spannung, -geschwindigkeit) führt zu einer Verlangsamung der Abkühlung, die auf eine Zunahme des Lichtbogenwirkungsgrades zurückzuführen ist. Bei den Schweißverfahren wurden unter vergleichbaren Schweißbedingungen unterschiedliche Abkühlzeiten gemessen. Vergleichende Untersuchungen haben außerdem gezeigt, daß der Beeinflussung des Temperaturverlaufs durch unterschiedliche Wahl der Schweißparameter bei konstanter Streckenenergie nicht bei allen Verfahren die gleiche Bedeutung zukommt. Dieser Einfluß macht sich besonders bei den Schutzgasverfahren bemerkbar.

Schließlich wurden experimentelle Untersuchungen über die Einflußgrößen der Wärmeableitung durchgeführt. Dabei wurde nach einer Möglichkeit gesucht, die Auswirkungen auf den Temperaturverlauf, die in ihrer Tendenz bekannt waren /44/, in allgemeingültigen, d.h. parameterunabhängigen Beziehungen zu erfassen. Die hierüber erfolgreich geführten Untersuchungen sind von außerordentlicher Bedeutung. Es wurde ein Weg gefunden, der es erlaubt, Kenndaten des Temperaturverlaufs für die verschiedenen Lichtbogenschweißverfahren in Abhängigkeit der gesamten Verfahrensbreite der Schweißparameter und der Variationsbreite der Einflußgrößen der Wärmeableitung auf experimentellem Wege bei stark reduziertem Versuchsaufwand (Anzahl der Versuche) zu ermitteln. Eine detaillierte Versuchskonzeption für die Durchführung der noch erforderlichen Temperaturmessungen wurde entworfen (Kap. 7).

Die Ergebnisse der experimentellen Untersuchungen wurden auch unter dem Gesichtspunkt der Berechnung des Temperaturverlaufs gesehen. Die in diesem Zusammenhang weitgehend durchgeführte Analyse der Fehlerursachen bezog sich auf die einschlägigen Gleichungen [1, 3]. Demnach ist eine die sehr komplexen Zusammenhänge besser erfassende analytische Lösung auszuschließen. Desgleichen muß die Möglichkeit einer generellen Korrektur der bekannten Gleichungen sehr fraglich erscheinen, weil die Fehlerursachen sehr zahlreich sind und unter den jeweils gegebenen Schweißbedingungen unterschiedlich stark zum Tragen kommen. Deshalb ist der hier vorgeschlagene experimentelle Lösungsweg von besonderer Bedeutung.

9. LITERATURVERZEICHNIS

1 Rosenthal, D.:
Mathematical Theory of Heat Distribution During Welding and Cutting. Weld. Res. Suppl. 20 (1941), S. 220-s/34-s

2 Rykalin, N.N.:
Die Wärmegrundlagen des Schweißvorgangs. VEB Verlag Technik, Berlin 1952

3 Rykalin N.N.:
Berechnung der Wärmevorgänge beim Schweißen. VEB Verlag Technik, Berlin 1957

4 Hopkins, M.R.:
Wärmeleitung in Medien mit temperaturabhängigen Eigenschaften. Physic. Soc. Proc. 32 (1936), Nr. 281, S. 703/06

5 Artemjewa, I.N.:
Zur Berechnung des Temperaturfeldes beim Argon-Lichtbogenschweißen. Svar. Proiz. 4 (1958), H.5, S. 16/19

6 Kasimirow, A.A. und A.J. Njedoseka:
Untersuchung des Temperaturfeldes beim Schweißen der Legierung AlMg5V. Avt. Svarka 15 (1962), H.8, S. 1/8

7 Kodolow, W.D.:
Zur Berechnung des Temperaturverlaufs beim WIG-Schweißen. Svar. Proiz. 9 (1963), H.4, S. 14/17

8 Cernoglaz, F.A. und K.M. Gatovskij:
Einfluß der Werkstückabmessungen auf die Wärmeausbreitung und Schweißverformungen. Svar. Proiz. 10 (1964), H. 12, S. 7/11

9 Kopetmann, L.N.:
Temperature Distribution in a Flat Layer from a Linear Source of Finite Width. Svar. Proiz. (1965), H. 1, S. 2/5

10 Nippes, E.F., L.L. Merrill u. W.F. Savage:
Cooling Rates in Arc Welds in 1/2-In.Plate Weld. Res. Suppl. (1949), S. 556s/64s

11 Paley, Z., J.N. Lynch u. C.M. Adams:
Heat Flow in Welding Heavy Steel Plate. Weld. Res. Suppl. (1964), S. 71s/79s

12 Jhaveri, P., Moffatt, W.G. u. C.M.Adams, Jr.:
The Effect of Plate Thickness and Radiation on Heat Flow in Welding and Cutting. Weld. Res. Suppl. 41 (1962), S. 12-s/16-s

13 Rykalin, N.N. u. A.L. Beketov:
Calculating the Thermal Cycle in the Heat Affected Zone from the Two Dimensional Outline of the Molten Pool. Svar. Proiz. (1967), Nr. 9, S. 22/25

14 Rykalin, N.N.:
Progress in the Thermal Physics of Welding Processes. Svar. Proiz. (1967), Nr. 11, S. 13/17

15 Kas, J. u. T.J. v. Adrichem:
Einfluß der Schweißparameter auf den Abkühlverlauf in der Schweißverbindung. Schweißen u. Schneiden 21 (1969), H.5, S. 199/203

16 Siegfried, W.:
Die Erfassung der Einflußgrößen des Schweißprozesses durch die Bestimmung dimensionsloser physikalischer Parameter. Schweißen u. Schneiden 17 (1965), S. 595

17 Dorschu, K.E.:
Control of Cooling Rates in Steel Weld Metal.
Weld. Res. Suppl. 47 (1968), S. 49-s/61-s

18 Signes, E.G.:
A Simplified Method for Calculating Cooling Rates in Mild and Low Alloy Steel Weld Metals.
Weld. Res. Suppl. 51 (1972), S. 473-s/483-s

19 Uwer, D. u. J. Degenkolbe:
Temperaturzyklen beim Lichtbogenschweißen - Berechnung von Abkühlzeiten. Schweißen u. Schneiden 24 (1972), H. 12, S. 485/89

20 Müller, J.:
Beitrag zur Temperaturfeldbestimmung während des Schweißvorganges
Schweißtechnik Berlin 18 (1968), H. 4, S. 163/167

21 Rose, A.:
Schweißbarkeit und Umwandlungsverhalten der Stähle, Forschungsbericht des Landes NRW Nr. 1534

22 Stein, H.:
Abkühlungsvorgänge im Schweißübergang bei der Lichtbogenschweißung und deren Einfluß auf die Schweißeignung.
ZIS-Mitt. 8 (1966), H.1, S. 35/53

23 Bornefeld, H.:
Vergleichende Untersuchungen der gebräuchlichsten Schmelzschweißverfahren hinsichtlich der Wärmeverteilung und der Wärmeauswirkung an Stahlblechen.
Dissertationsschrift TH Berlin 1932

24 Beltschuk, G.A.:
Über die Wärmeverteilung zwischen den Bauteilen aus T-Stahlquerschnitten beim Lichtbogenschweißen.
Svar.Proiz. (1959), H.5, S. 13/15

25 Beckert, M. u. H. Stein:
Untersuchungen über die Abkühlungsverhältnisse in der Wärmeeinflußzone.
ZIS-Mitt. 3 (1961), H.6, S. 378/94

26 Christensen, N., V. de Davies u. K. Gjermundsen:
Distribution of Temperatures in Arc Welding.
Brit. Weld. J. 12 (1965), H.2, S. 54/75

27 Inagaki, M., H. Nakamura u. A. Okada:
Über den Abkühlungsprozeß beim Lichtbogenschweißen, T. I, Abkühlungsprozeß beim CO_2- und CO_2-O_2-Schweißen.
Rept. Nat. Res. Inst. Metals 7 (1964), H.2, S. 96/116

28 Inagaki, M., H. Nakamura u. A. Okada:
Eine Untersuchung über den Abkühlungsprozeß beim Lichtbogenschweißen, T. II, Über den Abkühlungsprozeß beim verdeckten Lichtbogenschweißen und UP-Schweißen.
Rept. Nat. Res. Inst. Metals 7 (1964), H.4, S. 296/308

29 Inagaki, M. Nakamura, H. u. A. Okada:
Untersuchungen über Abkühlungsprozesse beim Schweißen mit umhüllten Elektroden und beim UP-Schweißen.
Journal Japan Weld. Soc. 34 (1965), H. 10, S. 1064/75

30 Inagaki, M. u. A. Okada:
Über den Abkühlungsprozeß beim Lichtbogenschweißen mit örtlicher Erwärmung durch eine Flamme, T. II,
Rept. Nat. Res. Inst. Metals 9 (1966), H.4, S. 245/253

31 Kihara, H., H. Suzuki, F. Kanatani:
Weld Hardening of High Strength Steels and Prediction of Optimum Welding Conditions. Trans. of National Res. Inst. f. Metals (1959), Nr. 1

32 Hess, W.F., L.L. Merrill, E.F. Nippes, A.P. Bunk:
The Measurement of Cooling Rates ... Weld. Res. Suppl. (1943), S. 377-s/422-s

33 Hofmann, W. u. A. Krahl:
Werkstoffveränderungen in der wärmebeeinflußten Zone autogener Brennschnitte. Schweißen u. Schneiden 15 (1963), S. 153/59

34 Hofmann, W., A. Krahl u. H. Rieche:
Untersuchungen der durch autogenes Brennschneiden an Kesselblech 13 Cr Mo 44 hervorgerufenen Werkstoffveränderungen. Schweißen u. Schneiden (1965), S. 10/12

35 Rieche, H.:
Der Einfluß der Blechdicke auf Temperaturverlauf und Härte nahe der Schnittfläche beim Brennschneiden des Stahles 13 Cr Mo 44, Fb. Schweißtechnik Bd. 36 DVS-Verlag, Düsseldorf, 1964

36 Vijani:
Beitrag zur Kenntnis des Wärmeverlaufes und der Gefügeumwandlung in der wärmebeeinflußten Zone geschweißter Stahlverbindungen. Diss. TH Aachen, 1957

37 Grosh, R.J. u. E.A. Trabant:
Arc-Welding Temperatures. Weld. Res. Suppl. (1956), S. 396-s/400-s

38 Adams, C.M. jr.:
Cooling Rates and Peak Temperatures in Fusion Welding. Weld. Res. Suppl. (1958), S. 210-s/15-s

39 Schmidt, R. u. H. Stein:
Untersuchungen über die Abkühlungsverhältnisse in der Wärmeeinflußzone bei der Lichtbogenschweißung ZIS-Mitt. 6 (1964), H.7, S. 1157/69

40 Kretschmann, G.:
Temperaturfelder, Lichtbogenbewegung und technologische Probleme beim UP-Verbindungsschweißen dünner Stahlbleche mit Bandelektroden. Dissertationsschrift TU Dresden 1967

41 Gatowski, K.M.:
Determining the Temperature of Weld Metal and the Cooling Rate. Avt. Svarka (1968), Nr. 5, S. 1/5

42 Dawes, M.G.:
Thermal Cycles and Straining Effects in a Multipass Butt Weld. Brit. Weld. J. (1968), S. 563/70

43 Dorschu, K.E.:
Control of Cooling Rates in Steel Weld Metal. Weld. Res. Suppl. 47 (1968), S. 48 s

44 Morich, F.W.:
Beitrag zur Wärmeführung beim Schweißen mit mechanisierten Lichtbogenverfahren. Diss. TH Aachen, 1969

45 Eichhorn, F. u. K. Niederhoff:
Zeitlicher und örtlicher Temperaturverlauf beim Lichtbogenschweißen - Auswirkungen auf Verweilzeiten und Abkühlzeiten . Ind.-Anz. 94 (1972), H.5, S. 103/06

46 Eichhorn, F. u. K. Niederhoff:
"Streckenenergie" als Kenngröße des Wärmeeinbringens beim mechanisierten Lichtbogenschweißen. Schweißen u. Schneiden 24 (1972), H.10, S. 399/403

47 Eichhorn, F. u. K. Niederhoff:
Einfluß von Nahtform und Stoßart der Fügeteile auf den Temperaturverlauf beim Lichtbogenschweißen. Schweißen u. Schneiden 25 (1973), H.7, S. 241/45

48 Eichhorn, F. u. K. Niederhoff:
Temperaturverlauf beim Lichtbogenschweißen - Beschreibungsmöglichkeiten durch Kenngrößen.
Ind.-Anz. 95 (1973), Nr. 42, S. 887/89

49 Niederhoff, K.:
Zeitlicher und örtlicher Temperaturverlauf beim Lichtbogenschweißen - Analyse der Einflußgrößen.
Diss. TH Aachen, 1973

50 DIN 43 710: Thermospannungen und Werkstoffe der Thermopaare

51 Becker, G. u. R. Rieger:
Schweißkalorimetrie, Teil I, II, III. Schweißtechnik (Berlin) 6 (1956), H.1, S. 12/14, H.7, S. 200/03 u. 8 (1958), H.10, S. 373/77

52 Becker, G.:
Berechnung von Wärmemengen bei Lichtbogenschweißverfahren. Schweißtechnik (Berlin) 16 (1966), H.1, S. 18/19

53 Becker, G.:
Wärmebilanzen der CO_2-Schweißung. ZIS-Mitt. 9 (1967), H.7, S. 1088/1103

54 Engel, A.:
Beitrag zur Prozeßanalyse beim Unterpulverschweißen mit Drahtelektrode. Diss. TH Aachen, 1972

55 Lange, H. u. R. Kohlhaas:
Über die Wärmeleitfähigkeit von Stählen bei hohen Temperaturen. Forschungsbericht des Landes NRW Nr. 263

56 Uwer, D.:
Schweißen hochfester Feinkornbaustähle. Ind.-Anz. 95 (1973), H. 23, S. 463/66

57 Degenkolbe, J. u. D. Uwer:
Erfahrungen beim Schweißen wasservergüteter Stähle mit Streckgrenzen von 47 - 90 kp/mm^2. Vortrag auf der Großen Schweißtechnischen Tagung, Hamburg 1971

58 Seyffarth, P.:
Beitrag zur Anwendung von Schweiß-ZTU-Schaubildern. Diss. Universität Rostock, 1970

59 Cottrell, C.L.M. u. B.J. Bradstreet:
Calculated Preheat Temperatures to Prevent Hard-Zone Cracking in Low. Brit. Weld. Journal 12 (1955), S. 310/12

60 Nehl, F.:
Die Entwicklungstendenzen der Stähle für die Schweißtechnik, Fachbuchreihe Schweißtechnik Bd. 15, DVS-Verlag, Düsseldorf (1958)

61 Hofmann, W. u. R. Müller:
Anwendung eines Dilatometers kurzer Meßlänge zur Untersuchung von Umwandlungsvorgängen. Z. Metallkunde 48 (1957), S. 104

62 Rose, A.:
Schweißbarkeit der hochfesten Baustähle.
Stahl und Eisen (1966), S. 662/70

63 Nehl, F. u. A. Rose:
Anwendung von ZTU-Schaubildern auf besondere Fragen bei der Herstellung hochbeanspruchter geschweißter Bauteile. Stahl und Eisen 74 (1954), S. 1054/62

64 Burat, F.:
Beitrag zur Schweißbarkeit unlegierter und niedriglegierter Bau- und Vergütungsstähle. Dissertation TH Braunschweig (1961)

65 Degenkolbe, J. u. B. Müsgen:
Schweißen hochfester vergüteter Baustähle - Untersuchungen an CrMoZr-legierten Stählen. Schweißen u. Schneiden 17 (1965), H.8, S. 343/53

66 Theis, E.:
Probleme der Verarbeitung von vergüteten Feinkornbaustählen. Schweißen u. Schneiden 20 (1968), S.323/30

67 Degenkolbe, J. u. H.H. Behrenbeck:
Unterpulverschweißen hochfester wasservergüteter Mangan-Chrom-Molybdän-Zirkon-legierter Baustähle. Schweißen u. Schneiden 20 (1968), H.8, S. 355/62

68 Puschner, M. u. R. Killing:
Die Untersuchung der Schweißbarkeit hochfester, vergüteter Feinkornstähle - Ergebnisse und Probleme. Fachbuchreihe Schweißtechnik, Band 40

69 Notvest, K.:
Effect of Thermal Cycles in Welding D 6 Ac Steel Weld. Res. Suppl. (1964), S. 428s/32s

70 Theis, E. u. Winkler:
Härte, Grobkornbildung und Kerbschlagzähigkeit in Übergangszonen von Schweißnähten. Fb. Schweißtechnik, Bd. 27, DVS-Verlag, Düsseldorf

71 Berkhout, C.F. u. P.H. v. Lent:
Anwendung von Spitzentemperatur - Abkühlzeit (STAZ) - Schaubildern beim Schweißen hochfester Stähle. Schweißen u. Schneiden 20 (1968), H.6

72 Schmidtmann, E. u. A. Gärtner:
Untersuchungen der mechanischen Eigenschaften in der wärmebeeinflußten Zone einer Schweißverbindung an synthetischen Proben aus hochfesten Baustählen. Techn. Mitteilungen 62 (1969), H.9, S. 386/91

73 Ruge, J. u. G. Gnirß:
Untersuchungen der mechanischen Eigenschaften in der Wärmeeinflußzone von Schweißverbindungen an synthetischen Proben aus hochfestem Baustähl. Schweißen u. Schneiden 23 (1971), H.7, S. 255/58

74 Mück, G.M.:
Einfluß der Schweißbedingungen auf die Festigkeit und Zähigkeit im Schweißnahtbereich. Techn. Überw. 12 (1971), H. 12, S. 345/47

75 Herold, H.:
Überprüfung von Vorwärmtemperaturen zum Schweißen mit Hilfe von Schweiß-ZTU-Schaubildern. Schweißt. Berlin 22 (1972), H.1, S. 1/4

<u>Tabelle 1:</u> Chemische Zusammensetzung der verwendeten Grund- und Zusatzwerkstoffe (Gew.-%)

Bezeichnung	C	Mn	Si	P	S	Cr	Ni	Mo	Al	Blechdicke (mm)	Bemerkung
Grundwerkstoffe St 37-3	≤ 0,2	≤ 1,5*		≤ 0,05	≤ 0,05					6-25	n.DIN 17100
13 Cr Mo 44	0,1-0,18	0,4-0,7	0,15-0,35	≤ 0,04	≤ 0,04	0,7-1,0		0,4-0,5		10	n.DIN 17175
18/8-Cr-Ni-Stahl	0,05	1,75	0,44		0,013	18,8	11,0			13,5	eigene Analyse
wasservergüteter I	0,23	1,09	0,71	0,02	0,01	0,87		0,26		15	eigene Analyse
Feinkornbaustahl II	0,16	0,93	0,62	0,016	0,02	0,78		0,26		30	
Zusatzwerkstoff CO_2-Schweißdraht	0,08-0,12	1,32-1,55	0,85-1,05	≤ 0,02	≤ 0,02						Richtanalyse
austenitischer Zusatzwerkstoff X 2 Cr Ni 19 9	≤ 0,04			≤ 0,02	≤ 0,02	19	9				Richtanalyse

* Mn + Si

Tabelle 2: Messung der im Lichtbogen umgesetzten Energiemenge - Gegenüberstellung der nach verschiedenen Meßverfahren ermittelten Werte * $E_{el} = U \cdot I \cdot t_s$

Vers-Nr.	Drehspulinstrumentanzeige		Registriergerät (Oscillofil)				Meßwertwandler
	U_{soll} V	I_{soll} A	U V	I A	t_s s	E_{el} * kJ	E_{el} kJ
1	37,0	300	36,5	290	54,8	580	579
2	31,5	350	30,9	340	48,0	504	499
3	34,1	325	34,1	315	49,2	527	522
4	28,5	390	29,1	377	45,0	494	493
5	32,3	230	32,0	225	70,0	504	502
6	27,5	270	27,9	259	64,5	465	461
7	29,7	250	29,9	240	75,0	538	532
8	24,7	300	24,1	282	50,0	340	335
9	37,0	300	37,3	290	40,0	432	430
10	34,1	325	34,0	320	40,0	436	431
11	31,5	350	31,1	347	40,0	432	424
12	28,5	390	28,2	385	39,0	422	416
13	32,3	230	32,0	225	59,0	426	422
14	29,7	250	29,7	245	59,0	428	422
15	27,5	270	27,5	260	61,0	436	431
16	24,7	300	24,5	295	59,0	426	402
17	29,5	310	29,4	304	62,0	553	537
18	25,5	230	25,3	224	93,0	526	505
19	33,5	390	33,5	386	46,5	602	595
20	25,5	230	25,2	224	72,0	406	396
21	29,5	310	29,3	304	48,0	432	425
22	34,0	400	34,0	395	32,0	431	422
23	24,0	200	24,0	192	88,0	405	385
24	24,0	200	24,0	194	107,0	498	465
25	35,0	420	34,6	413	27,0	408	395
26	35,0	420	34,2	416	39,0	548	539
27	27,5	270	27,3	265	74,0	536	505
28	27,5	270	27,2	264	46,0	308	320
29	24,0	200	23,6	195	61,0	281	274
30	29,5	310	29,5	302	59,0	519	510

Tabelle 3: Untersuchte Schweißdatenkombinationen bei der Ermittlung des Einflusses der Wahl der Schweißdaten bei konstanter Streckenenergie auf den Temperaturverlauf (zu Kap. 6.3)

Lichtbogenspannung U V	Schweißstrom I A	Lichtbogenleistung Q kJ/s	Schweißgeschwindigkeit v_s cm/s	Streckenenergie E kJ/cm
32,3	230	7,42	0,52	14,38
29,7	250			
27,5	270			
24,8	300			
23,2	320			
37,0	300	11,00	0,77	14,38
34,2	325			
31,7	350			
29,6	375			
27,8	400			
32,3	230	7,42	0,77	9,62
29,7	250			
27,5	270			
24,8	300			
23,2	320			
37,0	300	11,00	1,15	9,62
34,2	325			
31,7	350			
29,6	375			
27,8	400			
25,5	230	5,86	0,61	9,62
27,5	270	7,42	0,77	
29,5	310	9,15	0,95	
31,5	350	11,00	1,15	
34,0	400	13,60	1,42	
27,5	270	7,42	0,52	14,38
29,5	310	9,15	0,64	
31,5	350	11,00	0,77	
24,3	270	6,56	0,46	14,38
27,0	300	8,10	0,57	
31,5	350	11,00	0,77	
36,0	400	14,40	1,01	

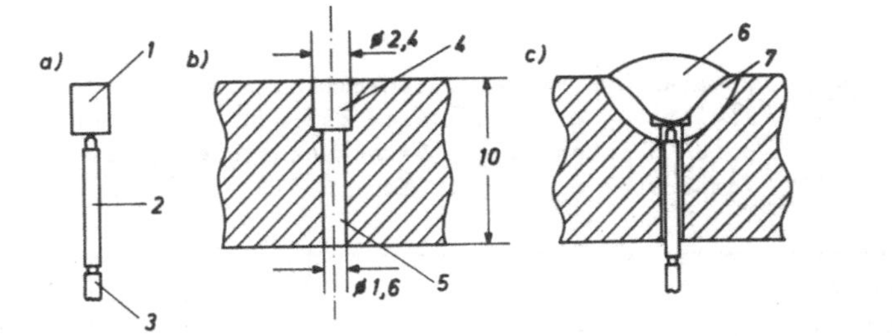

a) Zum Einbau vorbereitetes Thermoelement

b) Blechvorbereitung

c) Lage nach dem Schweißen

1 Metallbolzen mit aufgeschweißtem Thermoelement

2 Zweiloch-Keramikrohr, 1,2mm ø

3 Thermoelement mit Glasfaserisolierung

4 Bohrung für den Bolzen

5 Bohrung zur Durchführung des Thermoelementes

6 Schweißraupe mit eingeschmolzenem Bolzen

7 Wärmeeinflußzone

Bild 1: Einbautechnik der Thermoelemente

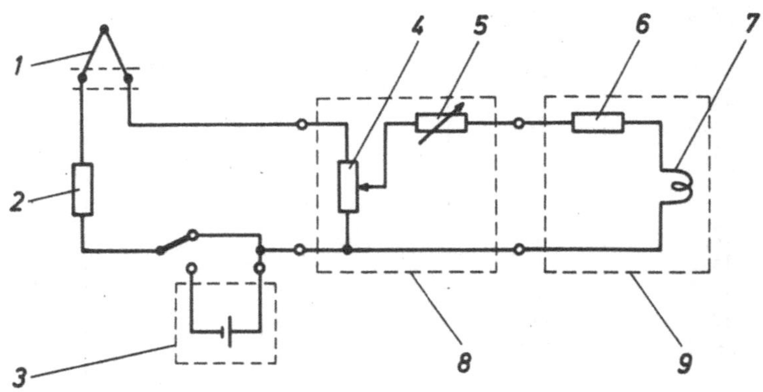

1 Thermoelement (0,2 bzw. 0,5 mm Ø)

2 innerer Widerstand des Thermoelementes (10 - 40 Ohm)

3 Eichspannungsquelle (0 - 111,1 mV, 0,1 % Genauigkeit)

4 Parallelwiderstand zur Empfindlichkeitseinstellung (~ 60 Ohm)

5 Vorwiderstand als Abschlußwiderstand (~ 200 Ohm)

6 innerer Widerstand des Schwingers (~ 40 Ohm)

7 Schleifengalvanometer (f_o = 120 Hz)

8 Anpassungssteller

9 Lichtstrahloszillograph

Bild 2: Eich- und Meßanordnung zur Temperaturmessung

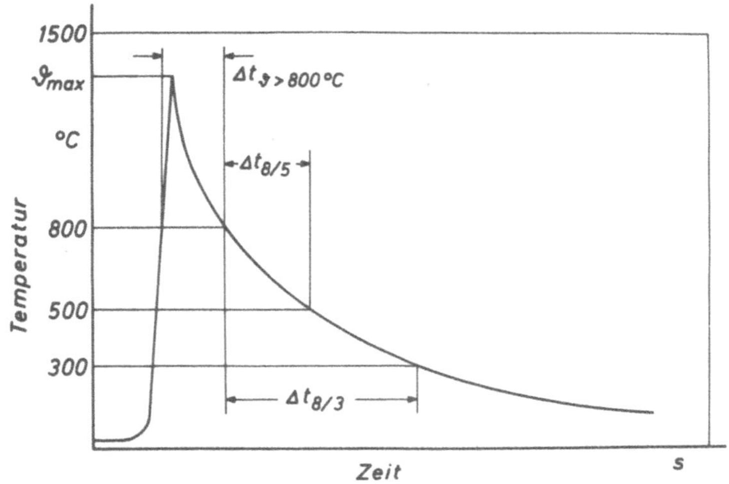

Bild 3: Beschreibung des zeitlichen Temperaturverlaufs beim Schweißen durch Kenngrößen

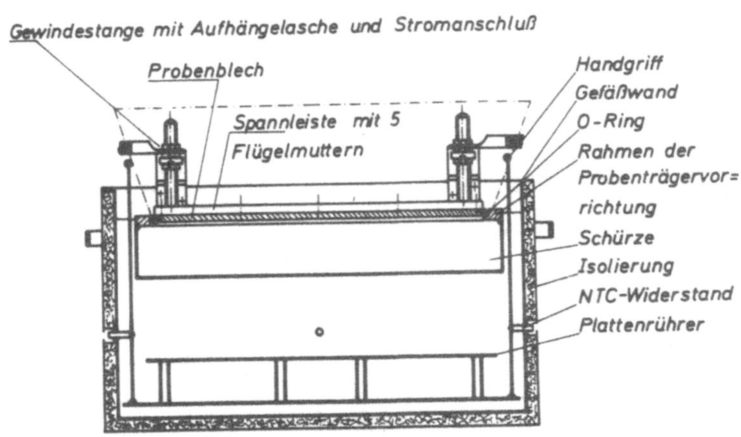

Bild 4: Schweißkalorimeter

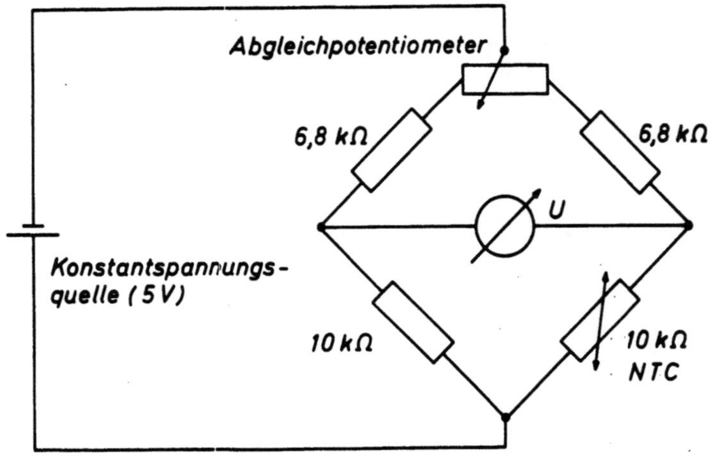

Bild 5: Brückenschaltung des NTC-Widerstandes bei der Temperaturmessung im Schweißkalorimeter

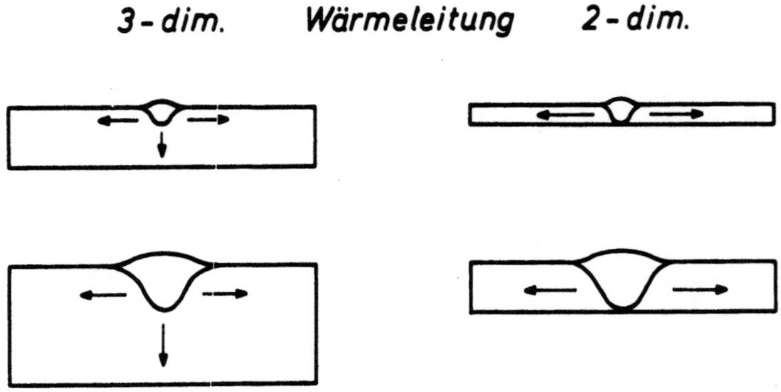

Bild 6: Definition des Begriffes: 2- bzw. 3-dimensionale Wärmeleitung (auf den Anwendungsfall übertragen)

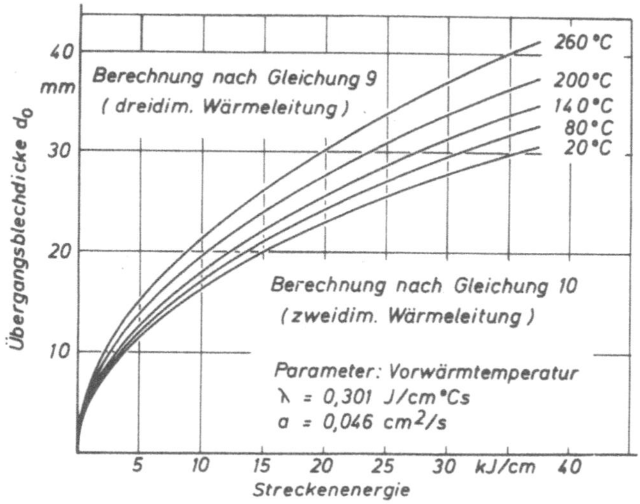

Bild 7: Anwendungsbereiche der Gleichungen (9) und (10) in Abhängigkeit von Blechdicke, Streckenenergie und Vorwärmtemperatur (s. Kap. 5)

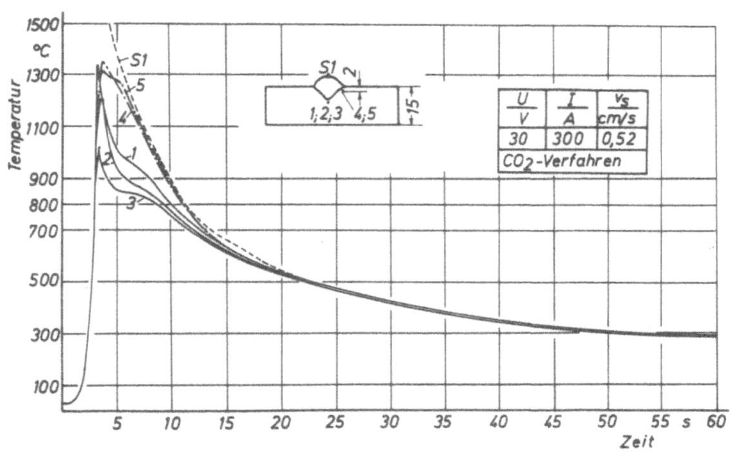

Bild 8: Temperaturverlauf in der WEZ an Wurzel und Flanke sowie im Schweißgut im Bereich der Raupenoberfläche; A-Naht

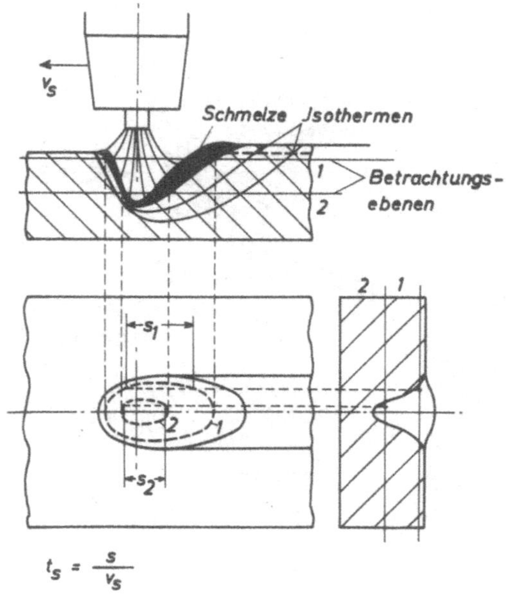

Bild 9: Schweißbad- und Raupenform beim Lichtbogenschweißen (Prinzipskizze zu Kapitel 6.1.1)

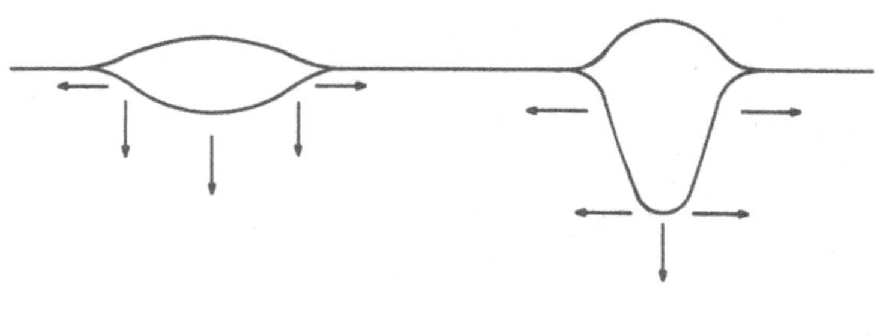

Bild 10: Richtung der Wärmeableitung an Wurzel und Flanke bei verschiedener Raupengeometrie

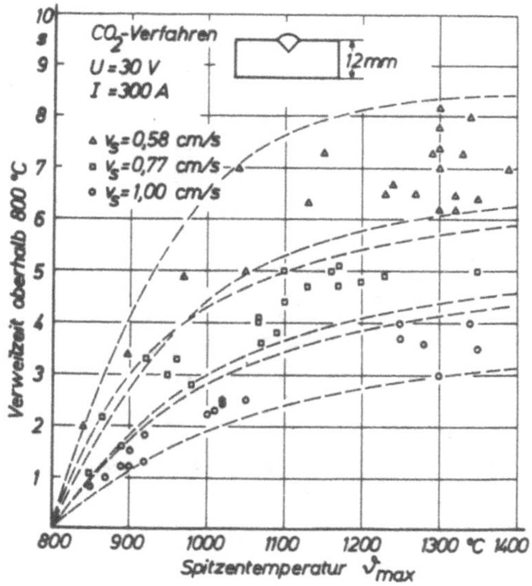

Bild 11: Verweilzeit in Abhängigkeit von Spitzentemperatur und Schweißgeschwindigkeit (Messung an Nahtwurzel); T_o = 20°C, A-Naht

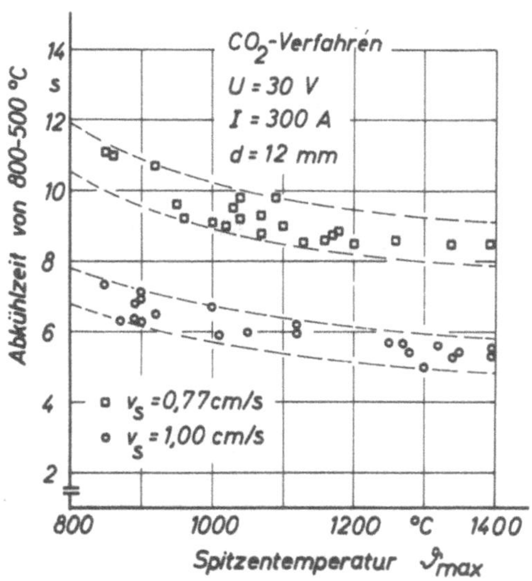

Bild 12: Abkühlzeit in Abhängigkeit von Spitzentemperatur und Schweißgeschwindigkeit (Messung an Nahtwurzel); T_o = 20°C, A-Naht

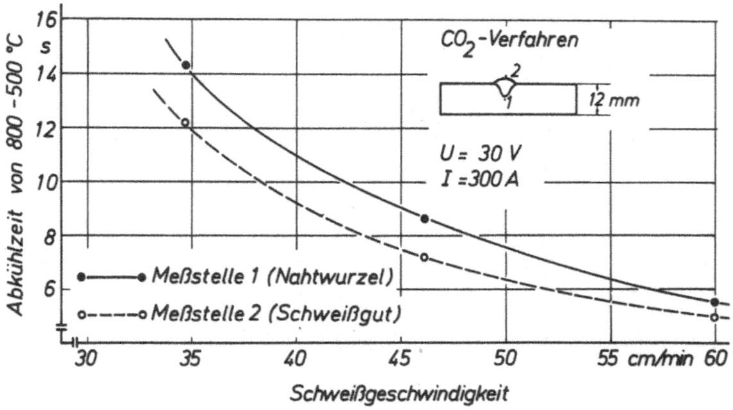

Bild 13: Abkühlzeit in Abhängigkeit von Schweißgeschwindigkeit und Meßort; T_o = 20°C, A-Naht

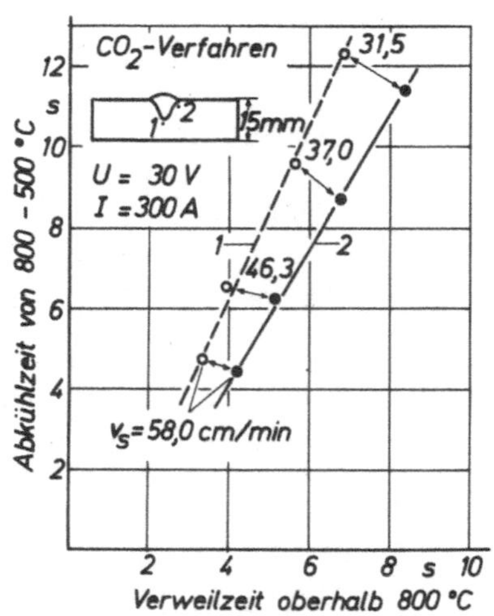

Bild 14: Abkühlzeit und Verweilzeit in Abhängigkeit von Schweißgeschwindigkeit und Meßort; T_o = 20°C, A-Naht

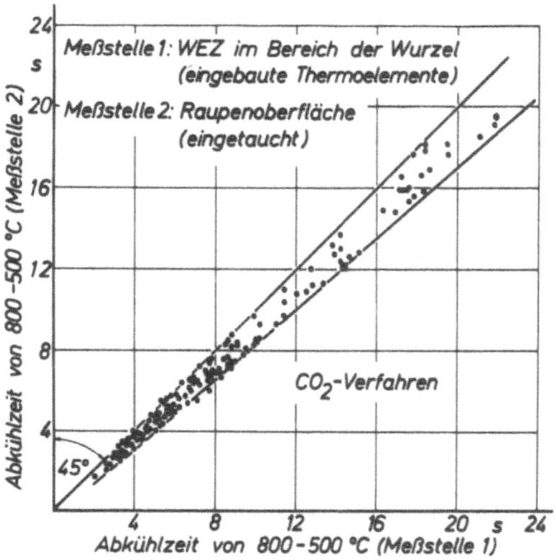

<u>Bild 15:</u> Abkühlzeit in Abhängigkeit des Meßortes für variable Schweißbedingungen bei Raumtemperatur (Variation von Lichtbogenleistung, Schweißgeschwindigkeit, Blechdicke, Nahtform) - Mittelwerte der Meßstellen 2 (3 Thermoelemente je Versuch) über Mittelwerten aus Meßstellen 1 (3-6 Thermoelemente je Versuch)

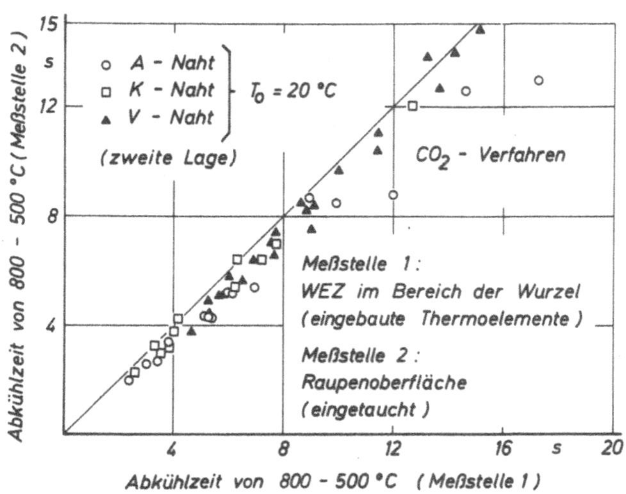

<u>Bild 16:</u> wie Bild 15, jedoch Unterscheidung nach der Nahtform; V-Heftnaht mit U = 24,5 V, I = 210 A, v_s = 92 cm/min

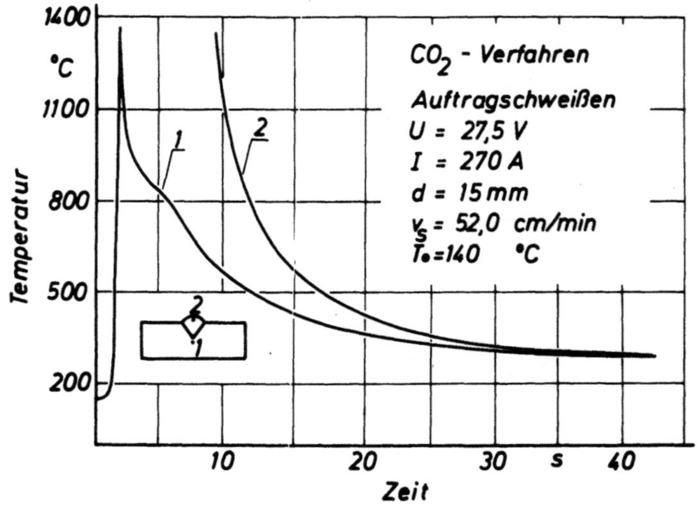

Bild 17: Temperaturverlauf in der WEZ an Raupenwurzel und im Schweißgut im Bereich der Raupenoberfläche bei Vorwärmung, $T_o = 140^oC$

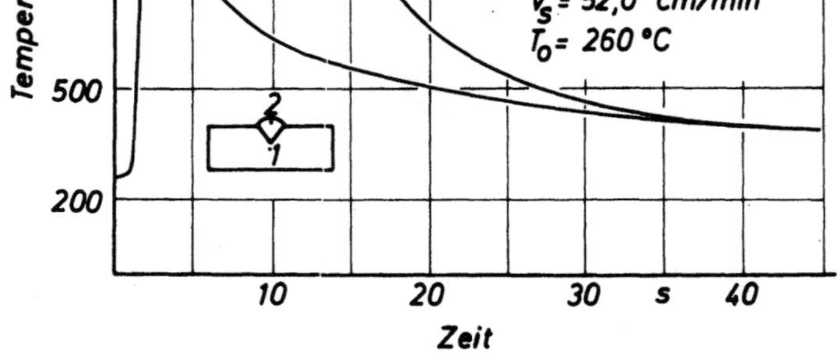

Bild 18: wie Bild 17, jedoch $T_o = 260^oC$

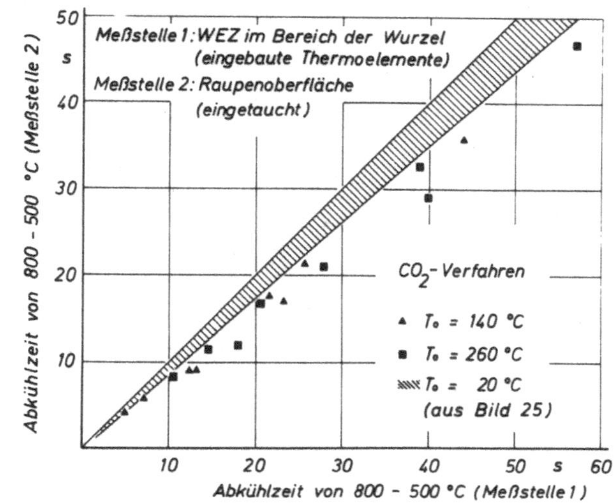

Bild 19: Abkühlzeit in Abhängigkeit des Meßortes bei Vorwärmung (Variation von Lichtbogenleistung und Schweißgeschwindigkeit); Blechdicke 15 mm, A-Naht

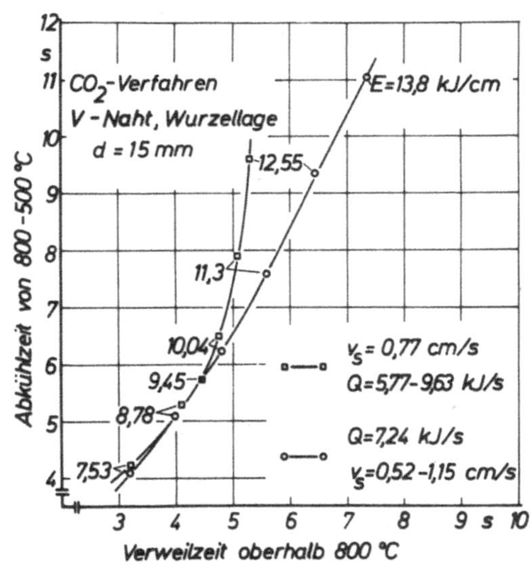

Bild 20: Abkühlzeit und Verweilzeit in Abhängigkeit der Streckenenergie bei verschiedenartiger Wahl der Schweißdaten (Q = U · I, wobei U [V] = 0,05 I [A] + 14); Meßort: Flankenbereich

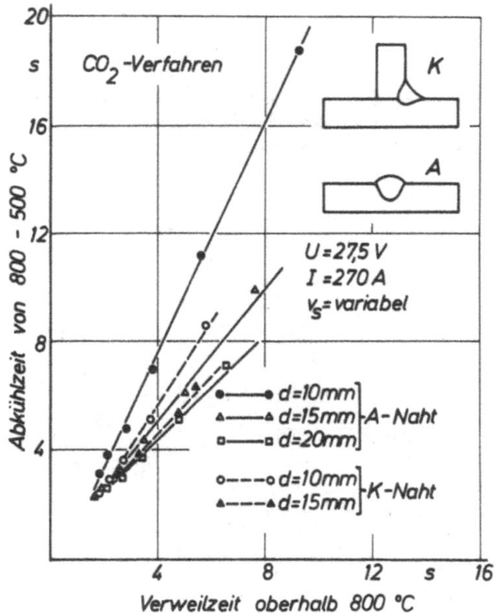

Bild 21: Abkühlzeit und Verweilzeit in Abhängigkeit von den Wärmeableitungsbedingungen bei variabler Schweißgeschwindigkeit; U = 27,5 V, I = 270 A, Parameter: Blechdicke und Nahtform, Meßort: A-Naht - Wurzel, K-Naht - Flankenbereich

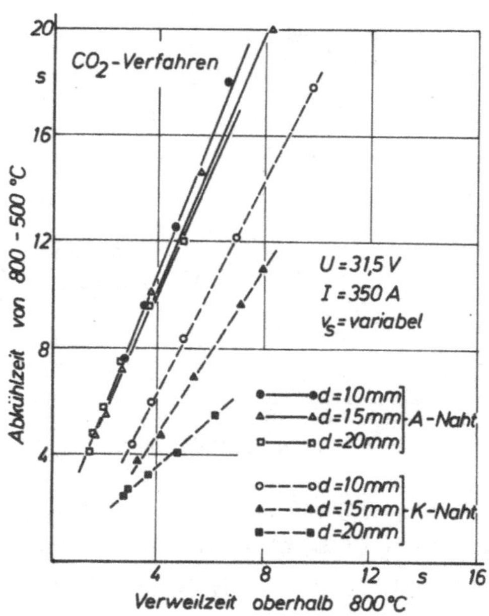

Bild 22: wie Bild 21, jedoch U = 31,5 V u. I = 350 A

Bild 23:
wie Bild 21, jedoch Parameter ist die Vorwärmtemperatur;
U = 27,5 V,
I = 270 A

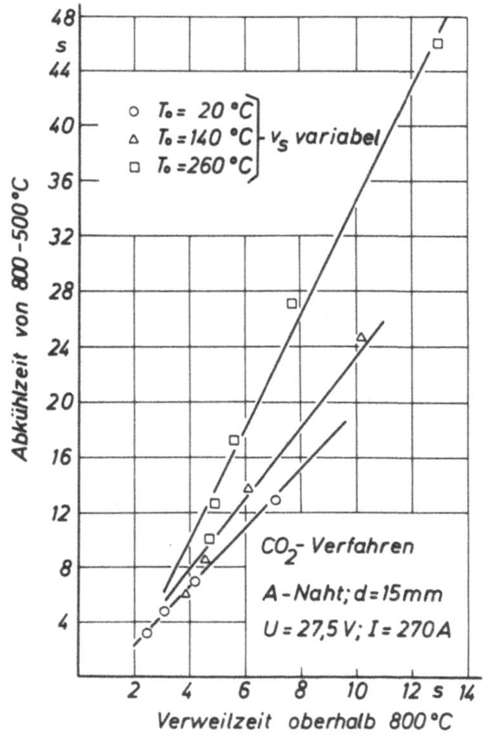

Bild 24:
wie Bild 23,
jedoch
U = 31,5 V,
I = 350 A

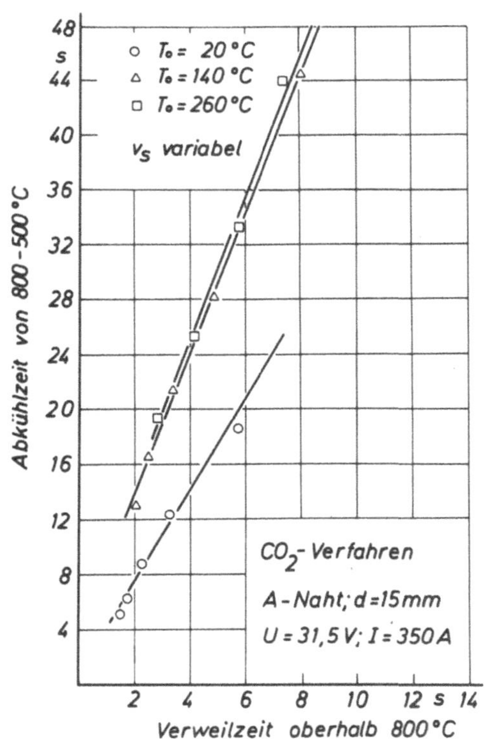

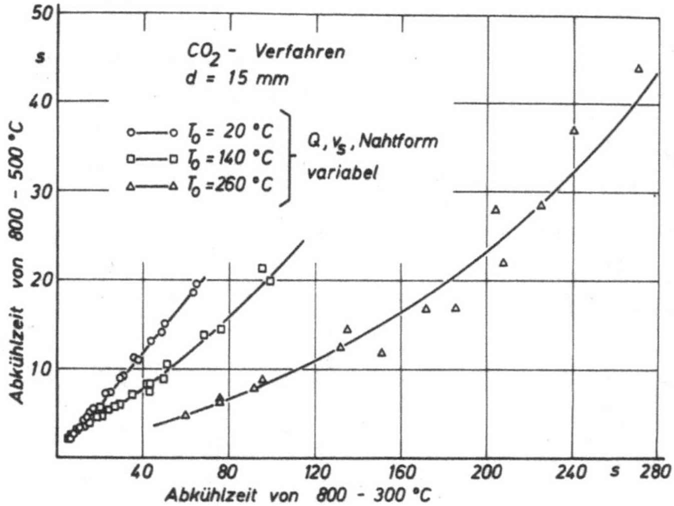

<u>Bild 25:</u> Abkühlzeitverhältnis in Abhängigkeit der Vorwärmtemperatur (variable Schweißbedingungen)

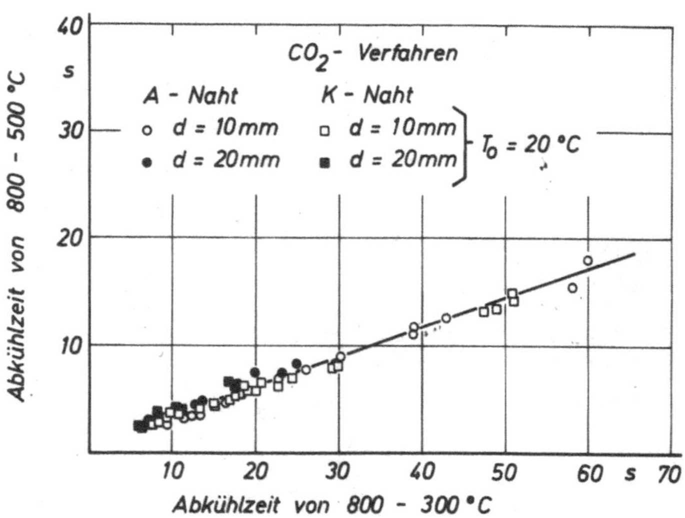

<u>Bild 26:</u> Abkühlzeitverhältnis in Abhängigkeit von Nahtform und Blechdicke (variable Streckenenergie)

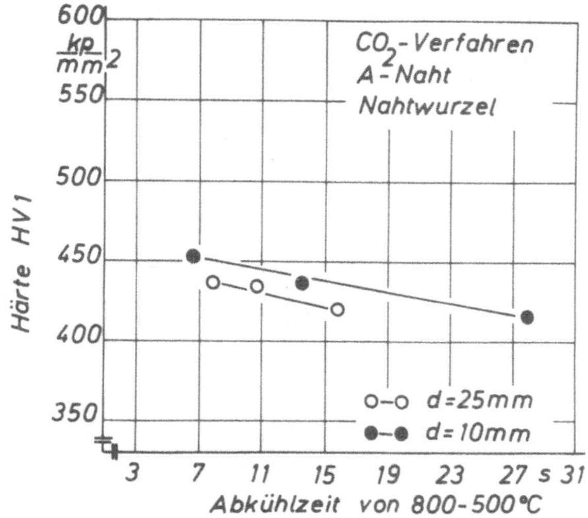

Bild 27: Maximale Härte in der WEZ/Wurzel über der Abkühlzeit von 800 - 500°C beim Schweißen auf verschieden dicke Bleche (unterschiedliche Verweilzeiten oberhalb 800°C - siehe Bild 21 und 22); wasservergüteter Feinkornbaustahl II (s. Tafel I). Die Meßpunkte entsprechen Mittelwerten aus 5 Einzelmessungen (max. Streuung der Einzelwerte ± 15 kp/mm²). Die Abkühlzeit bezieht sich auf die Messung im Schweißgut.

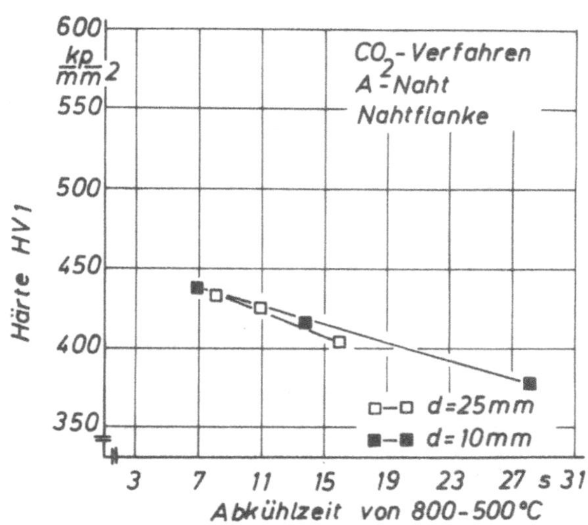

Bild 28: wie Bild 27, jedoch WEZ/Flanke

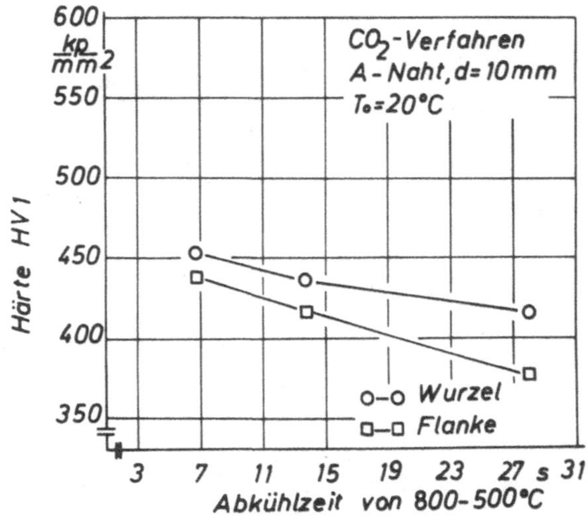

Bild 29: Maximale Härte in der WEZ über der Abkühlzeit von 800 - 500 °C - Vergleich zwischen Wurzel und Flanke -, (übrige Angaben s. Bild 27)

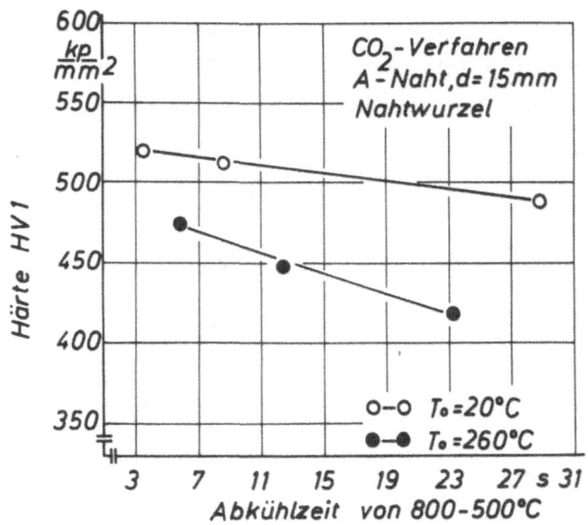

Bild 30: Maximale Härte in der WEZ/Wurzel über der Abkühlzeit von 800 - 500°C beim Schweißen mit und ohne Vorwärmung (unterschiedliche Verweilzeiten oberhalb 800°C - siehe Bild 23 und 24 - und unterschiedliches Abkühlzeitverhältnis - siehe Bild 25); wasservergüteter Feinkornbaustahl I (s. Tafel I), Abkühlzeit bezieht sich auf Messung im Schweißgut (übrige Angaben s. Bild 27)

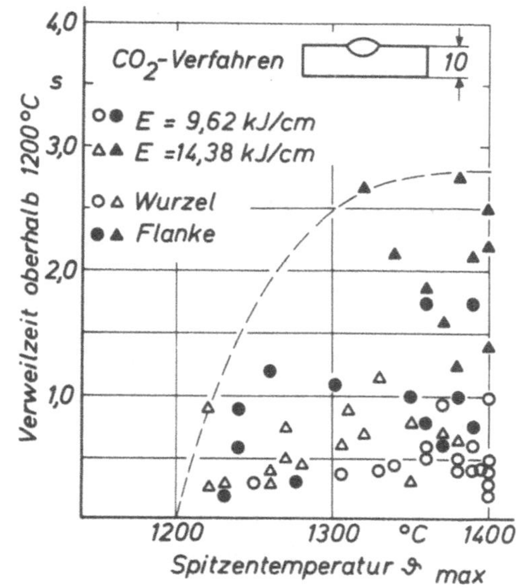

Bild 31: Verweilzeit oberhalb 1200 °C in Abhängigkeit von Spitzentemperatur und Meßort bei verschiedener Streckenenergie, T_o = 20°C, A-Naht

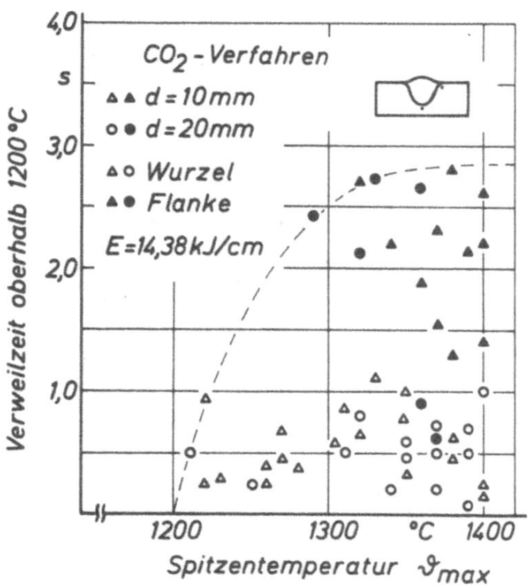

Bild 32: wie Bild 31, jedoch bei verschiedener Blechdicke

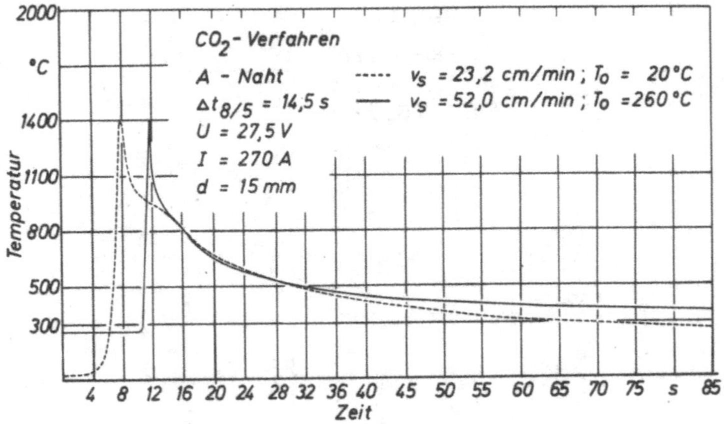

Bild 33: Temperaturverlauf an Nahtwurzel beim Schweißen mit und ohne Vorwärmung - gleiche Abkühlzeit von 800 - 500°C

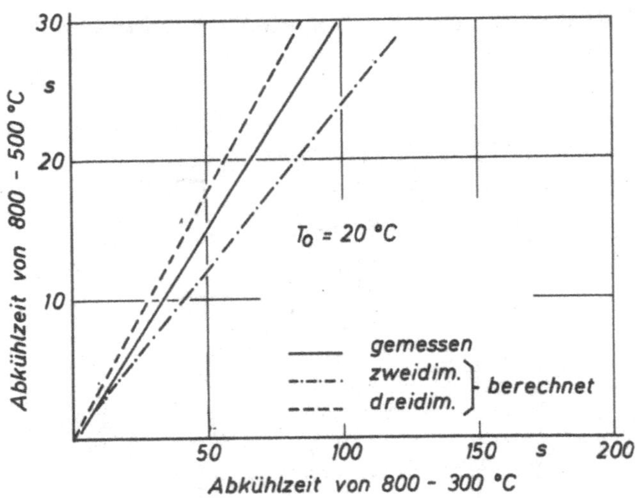

Bild 34: Experimentell und rechnerisch ermitteltes Abkühlzeitverhältnis bei Raumtemperatur (gemessener Verlauf aus Bild 25, gerechnet nach Gleichung (9) u. (10) - s.Kap.5)

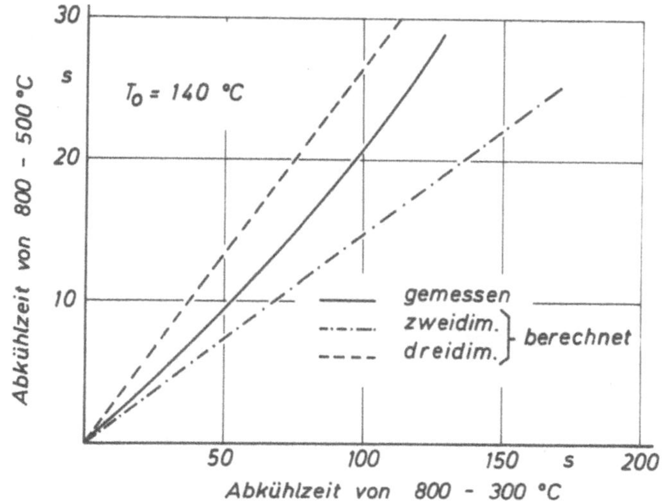

Bild 35: wie Bild 34, jedoch bei Vorwärmung

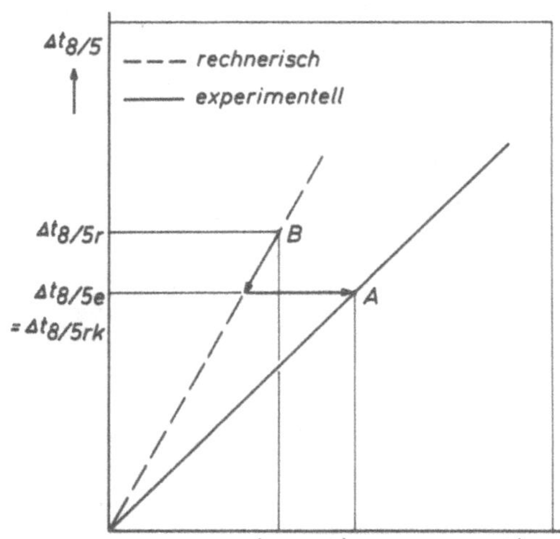

Angenommenes Ergebnis:
experimentell (e) : A
rechnerisch (r) : B

Korrektur:

$\Delta t_{8/5\ rk} = \Delta t_{8/5\ e} = k_1 \cdot \Delta t_{8/5\ r}$

$\Delta t_{8/3\ rk} \neq k_1 \cdot \Delta t_{8/3\ r}$

$\Delta t_{8/3\ rk} = \Delta t_{8/3\ e} = k_1 \cdot k_2 \cdot \Delta t_{8/3\ r}$

Bild 36: Aufzeigen der Kenngrößenabhängigkeit des Korrekturfaktors zur Angleichung berechneter an experimentell ermittelte Werte einer Kenngröße des Temperaturverlaufs

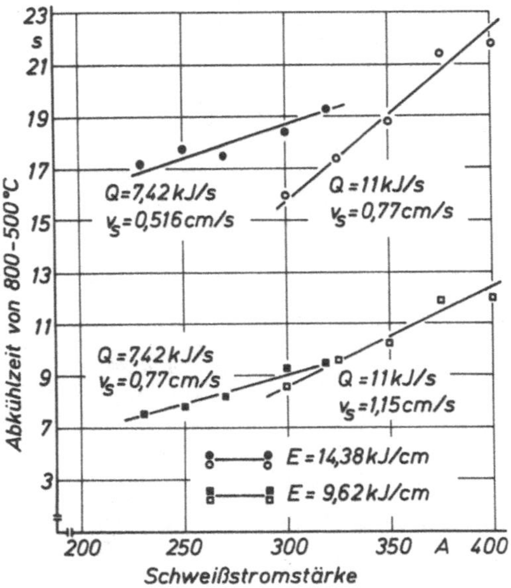

Bild 37: Abkühlzeit von 800 - 500°C in Abhängigkeit gegenläufiger Veränderung von Strom und Spannung bei konstanter rechnerischer Streckenenergie; CO_2-Verfahren, A-Naht, Blechdicke 10 mm, T_o = 20°C, Messung an Nahtwurzel Parameter: Lichtbogenleistung und Schweißgeschwindigkeit (gekoppelt), Streckenenergie (Schweißdaten siehe Tabelle 3)

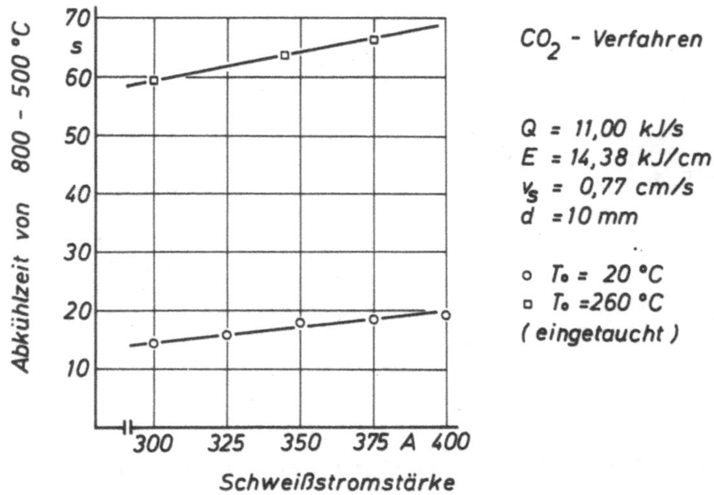

Bild 38: wie Bild 37, jedoch Parameter: Vorwärmtemperatur und Messung im Schweißgut

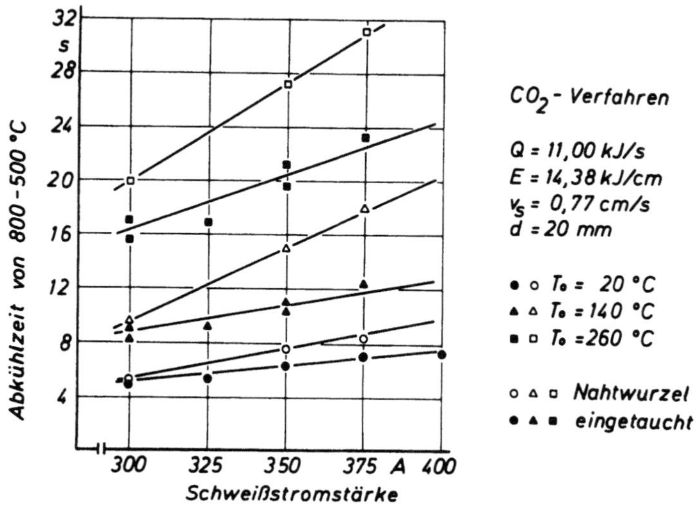

Bild 39: wie Bild 37, jedoch Parameter: Vorwärmtemperatur und Meßort

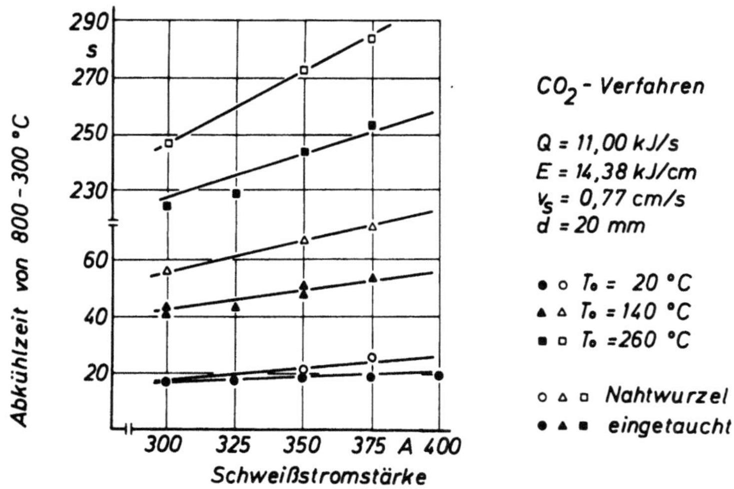

Bild 40: wie Bild 39, jedoch Abkühlzeit von 800 - 300°C

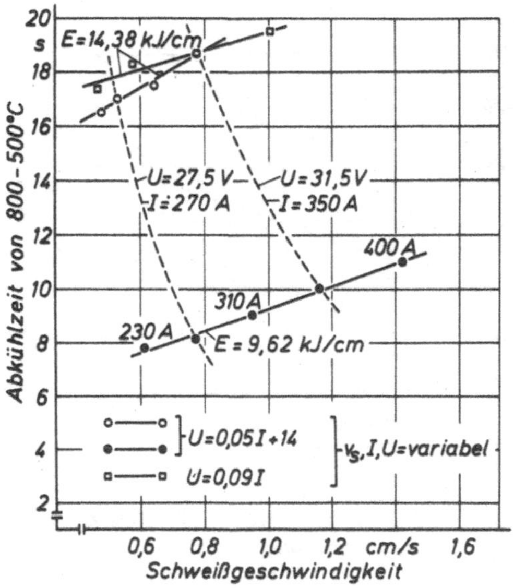

Bild 41: Abkühlzeit von 800 - 500°C in Abhängigkeit gleichlaufender Veränderung von Lichtbogenleistung und Schweißgeschwindigkeit bei konstanter rechnerischer Streckenenergie und fester Beziehung zwischen Strom und Spannung; CO_2-Verfahren, A-Naht, Blechdicke 10 mm, T_o = 20°C, Messung an Nahtwurzel, (Schweißdaten siehe Tabelle 3)

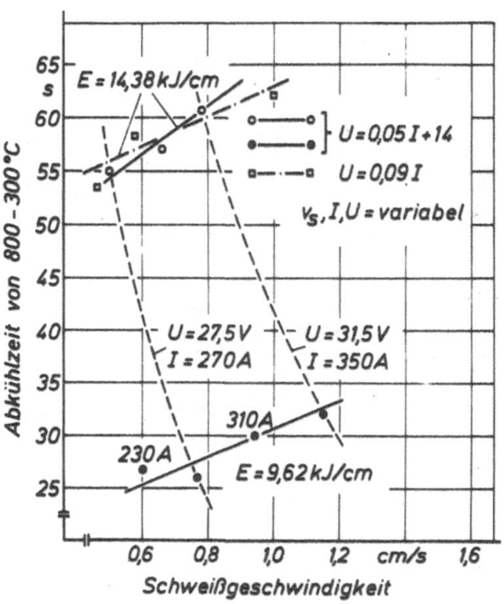

Bild 42: wie Bild 41, jedoch Abkühlzeit von 800 - 300°C

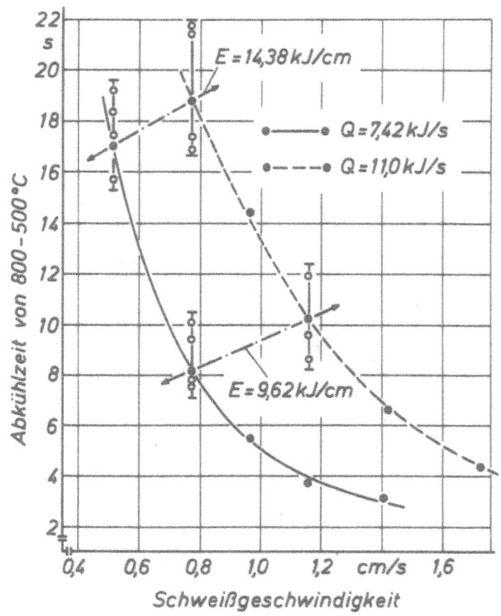

Bild 43: Mögliche Beeinflußbarkeit der Abkühlzeit durch unterschiedliche Schweißdatenkombination bei konstanter rechnerischer Streckenenergie (Zusammenfassung aus Bild 37 u. 41); CO_2-Verfahren, A-Naht, Blechdicke 10 mm, $T_o = 20^oC$

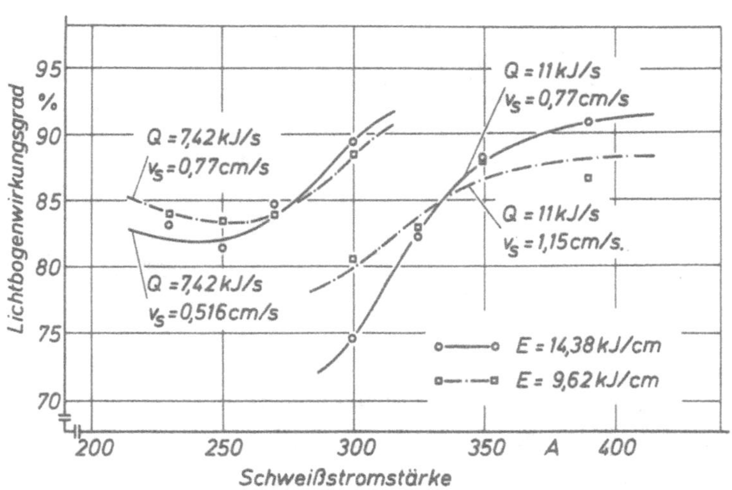

Bild 44: Lichtbogenwirkungsgrad in Abhängigkeit gegenläufiger Veränderung von Strom und Spannung bei konstanter rechnerischer Streckenenergie (analog zur Temperaturmessung, s. Bild 37); CO_2-Verfahren

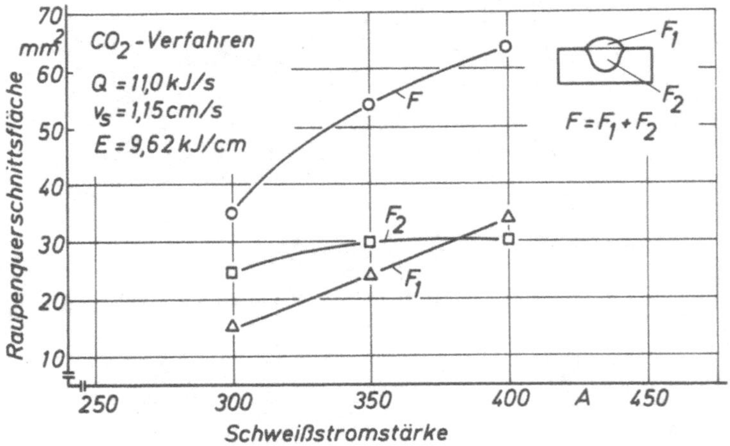

Bild 45: Raupenquerschnittsfläche in Abhängigkeit gegenläufiger Veränderung von Strom und Spannung bei konstanter rechnerischer Streckenenergie; Blechdicke 10 mm

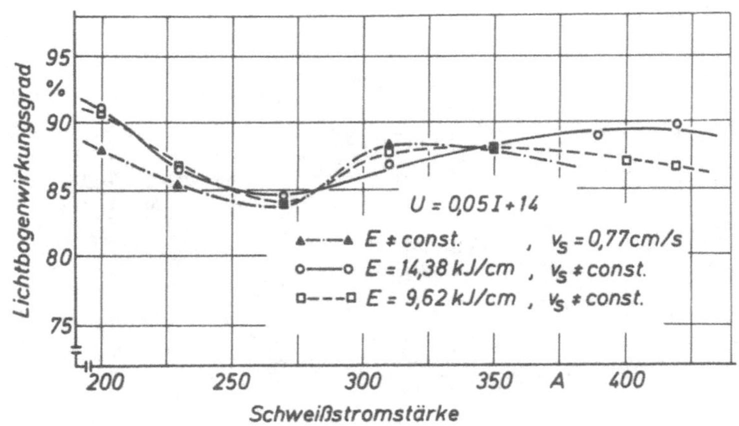

Bild 46: Lichtbogenwirkungsgrad in Abhängigkeit von Lichtbogenleistung und Schweißgeschwindigkeit bei fester Beziehung zwischen Strom und Spannung (analog zur Temperaturmessung, s. Bild 41); CO_2-Verfahren

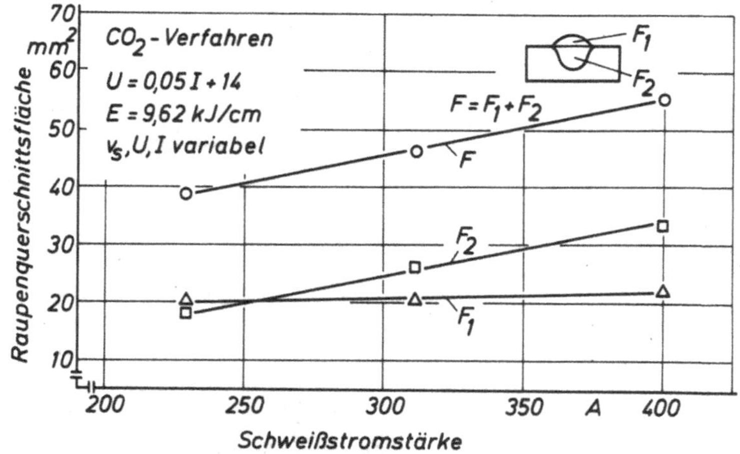

Bild 47: Raupenquerschnittsfläche in Abhängigkeit von Lichtbogenleistung und Schweißgeschwindigkeit bei fester Beziehung zwischen Strom und Spannung; Blechdicke 10 mm

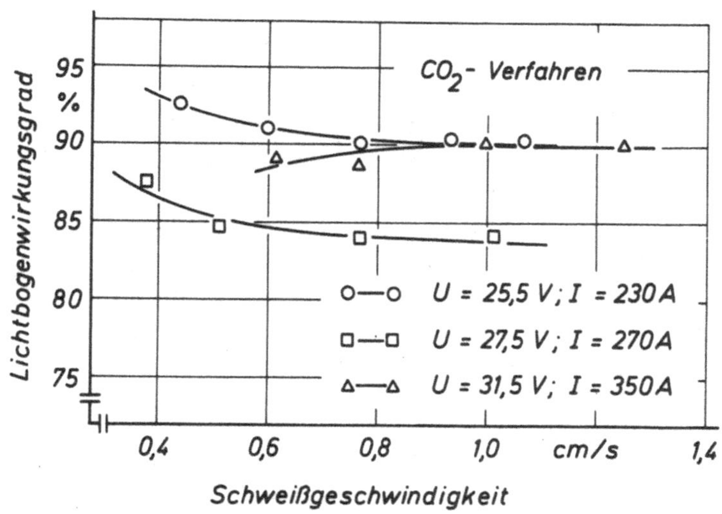

Bild 48: Einfluß der Schweißgeschwindigkeit auf den Lichtbogenwirkungsgrad

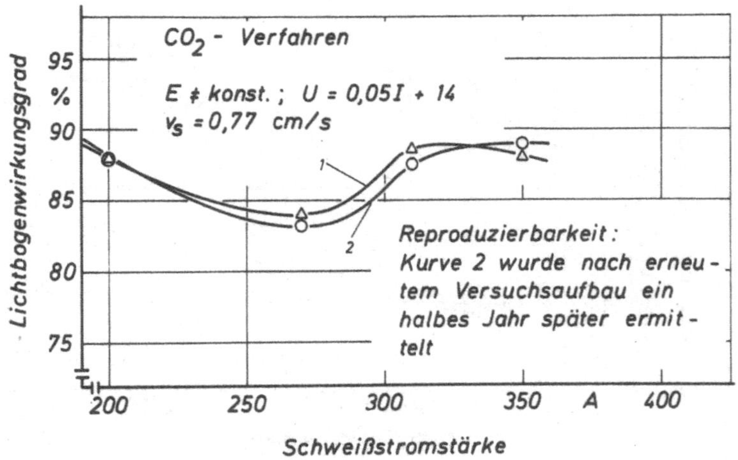

Bild 49: Ermittlung des Lichtbogenwirkungsgrades - Reproduzierbarkeit

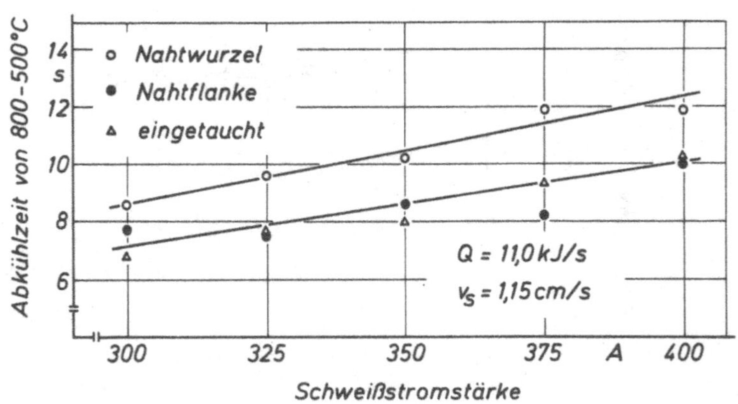

Bild 50: Abkühlzeit in Abhängigkeit gegenläufiger Veränderung von Strom und Spannung bei konstanter rechnerischer Streckenenergie - Meßorteinfluß; CO_2-Verfahren, Blechdicke 10 mm, A-Naht

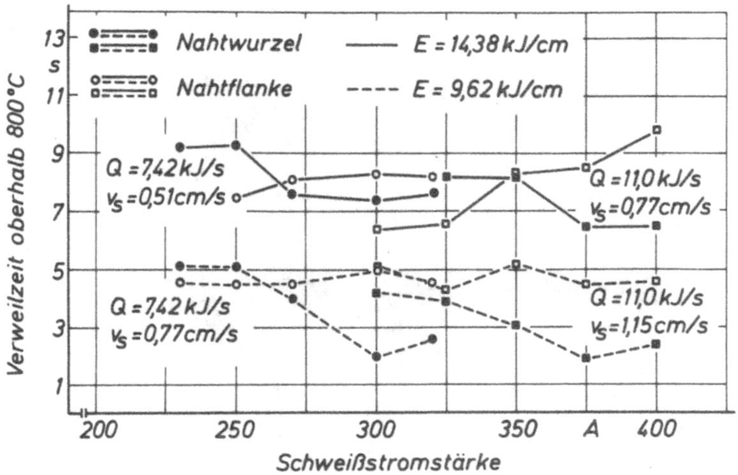

Bild 51: Verweilzeit an Wurzel und Flanke in Abhängigkeit gegenläufiger Veränderung von Strom und Spannung bei konstanter rechnerischer Streckenenergie (analog Bild 37)

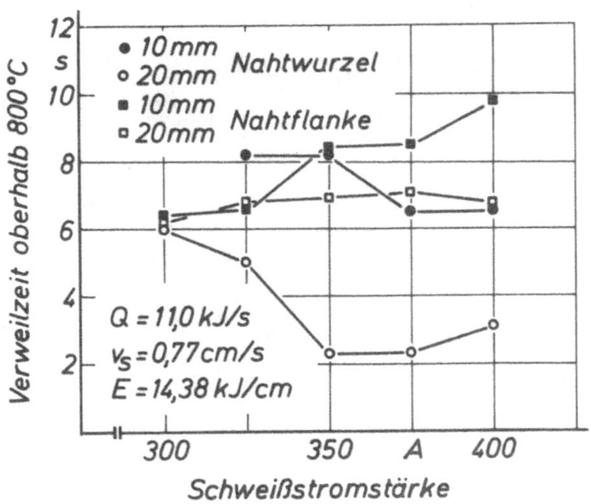

Bild 52: Einfluß der Blechdicke (Einbrandtiefe - Blechdicken - Verhältnis) auf die Verweilzeit an Wurzel und Flanke bei gegenläufiger Veränderung von Strom und Spannung und konstanter rechnerischer Streckenenergie; CO_2-Verfahren, A-Naht

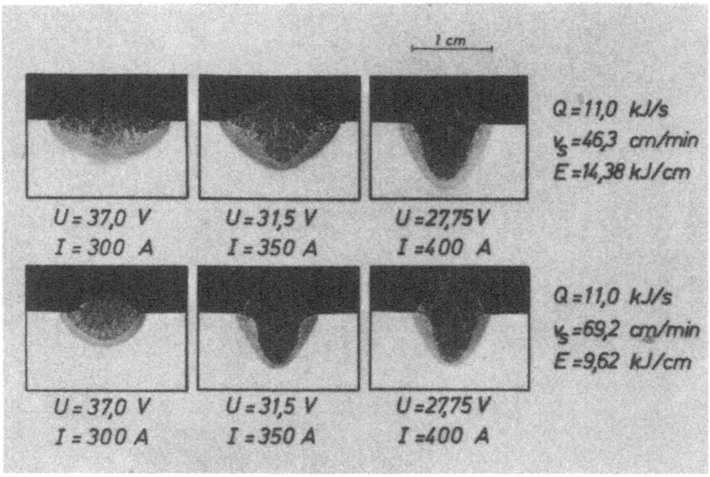

Bild 53: Raupenausbildung in Abhängigkeit gegenläufiger Veränderung von Strom und Spannung bei konstanter rechnerischer Streckenenergie; CO_2-Verfahren, Blechdicke 10 mm

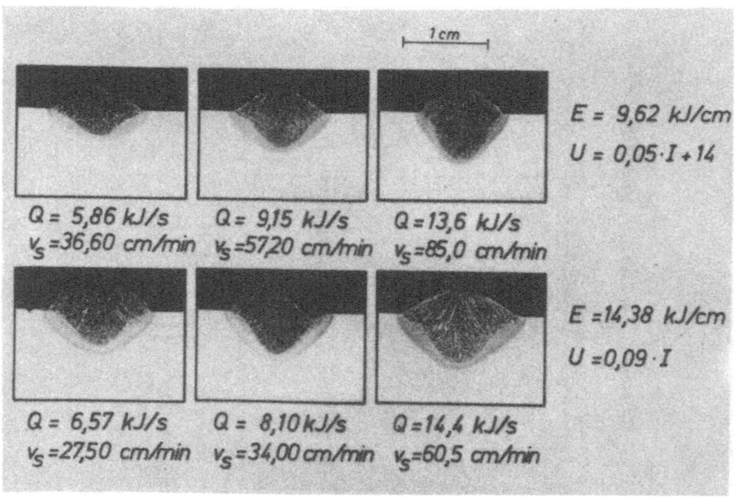

Bild 54: Raupenausbildung in Abhängigkeit gleichlaufender Veränderung von Lichtbogenleistung und Schweißgeschwindigkeit bei konstanter Streckenenergie und fester Beziehung zwischen Strom und Spannung; CO_2-Verfahren, Blechdicke 10 mm

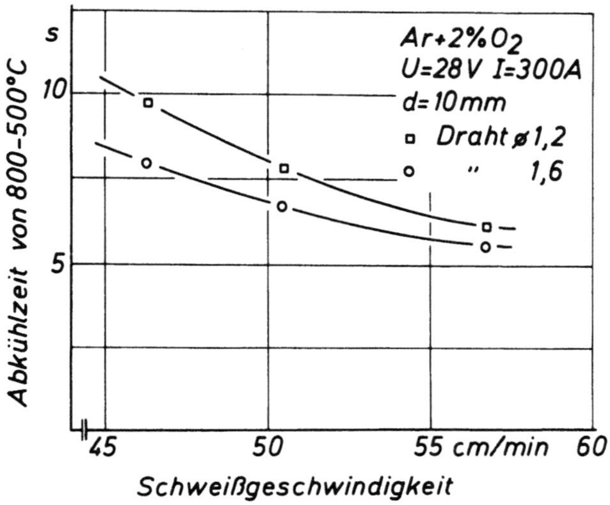

Bild 55: Abkühlzeit von 800 - 500°C in Abhängigkeit von Schweißgeschwindigkeit und Drahtdurchmesser, A-Naht, Messung im Schweißgut

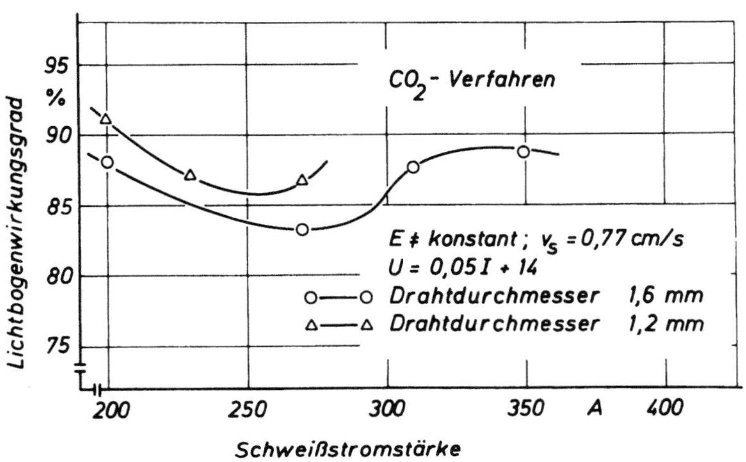

Bild 56: Lichtbogenwirkungsgrad in Abhängigkeit von Lichtbogenleistung und Drahtdurchmesser bei fester Beziehung zwischen Strom und Spannung

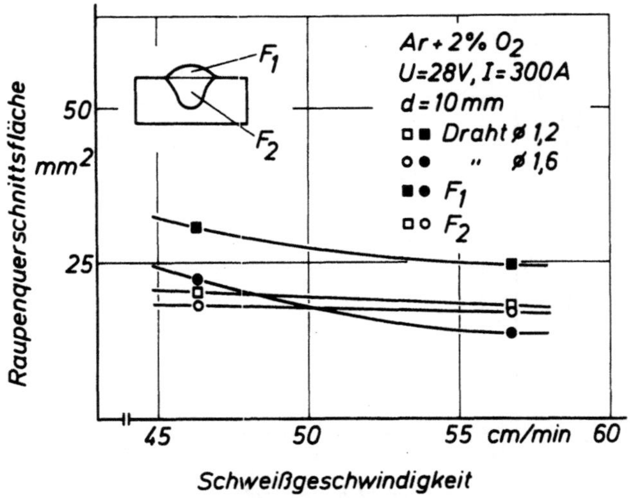

Bild 57: Raupenquerschnittsfläche in Abhängigkeit von Schweißgeschwindigkeit und Drahtdurchmesser

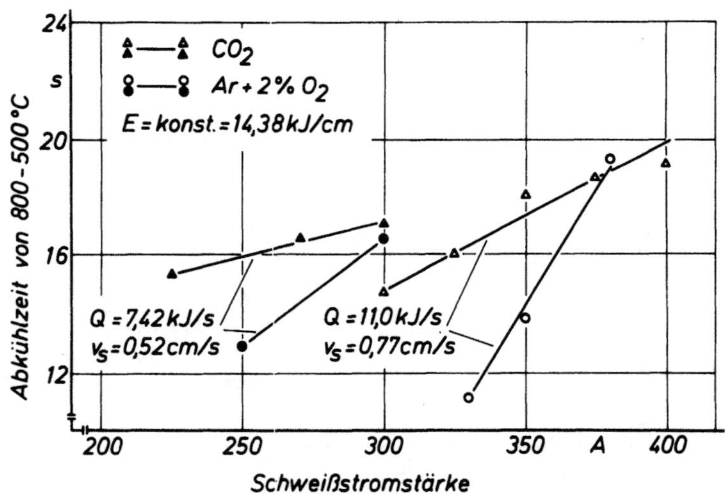

Bild 58: Abkühlzeit von 800 - 500°C in Abhängigkeit gegenläufiger Veränderung von Strom und Spannung bei konstanter rechnerischer Streckenenergie - Einfluß des Schutzgases; A-Naht, Blechdicke 10 mm, Messung im Schweißgut

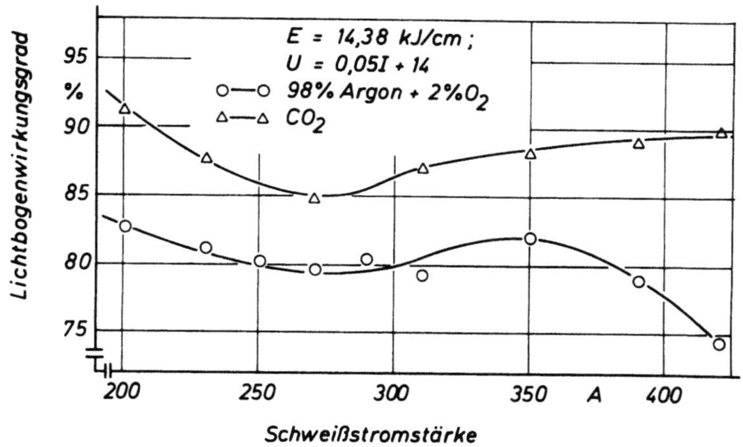

Bild 59: Lichtbogenwirkungsgrad in Abhängigkeit gleichlaufender Veränderung von Lichtbogenleistung und Schweißgeschwindigkeit bei konstanter rechnerischer Streckenenergie - Einfluß des Schutzgases

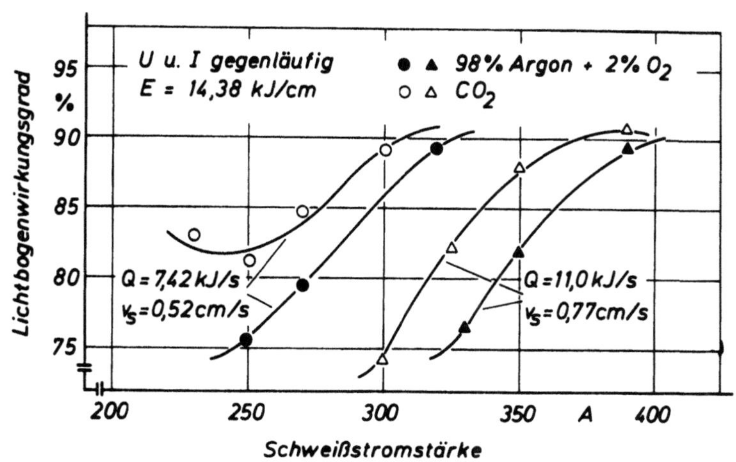

Bild 60: wie Bild 59, jedoch für gegenläufige Veränderung von Strom und Spannung bei konstanter Lichtbogenleistung und Schweißgeschwindigkeit

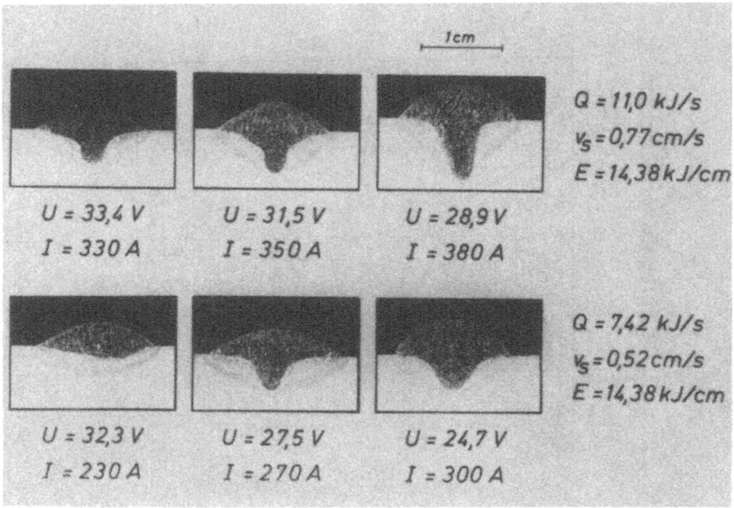

<u>Bild 61:</u> Raupenausbildung in Abhängigkeit gegenläufiger Veränderung von Strom und Spannung bei konstanter rechnerischer Streckenenergie; Schutzgasschweißen (Argon + 2 % O_2), Blechdicke 10 mm

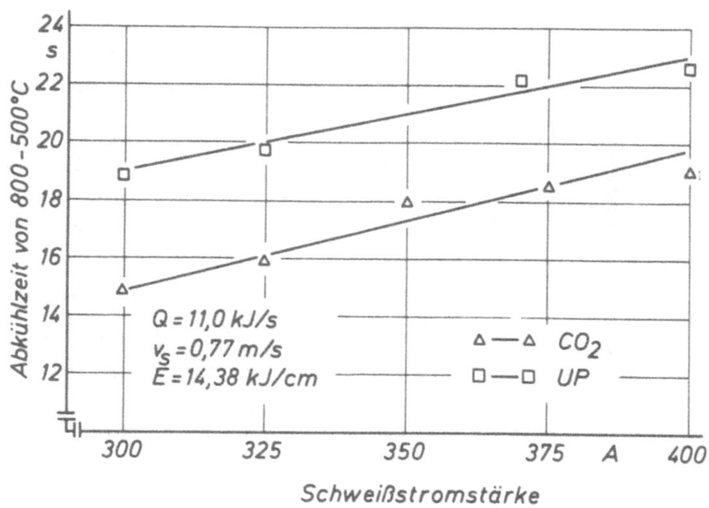

<u>Bild 62:</u> Abkühlzeit von 800 - 500°C in Abhängigkeit gegenläufiger Veränderung von Strom und Spannung bei konstanter rechnerischer Streckenenergie - Einfluß des Schweißverfahrens; A-Naht, Blechdicke 10 mm, Messung im Schweißgut

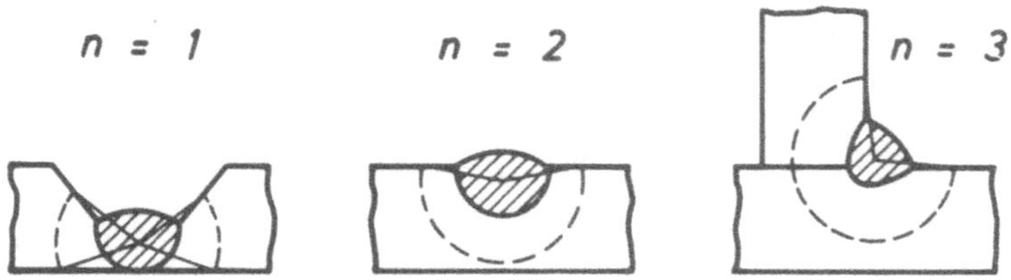

Bild 63: Berücksichtigung des Einflusses von Nahtform und Stoßart auf den Temperaturverlauf durch faktormäßige Reduzierung des Blechdickeneinflusses [21]

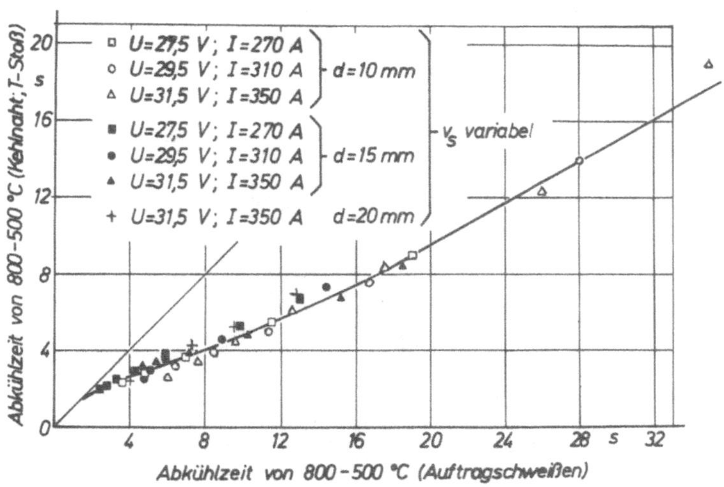

Bild 64: Experimentell ermittelter Zusammenhang zwischen der Abkühlzeit von 800 - 500 °C einer Kehlnaht am T-Stoß und der einer Auftragraupe bei Raumtemperatur; v_s = 30 bis 80 cm/min, Parameter: Lichtbogenleistung und Blechdicke

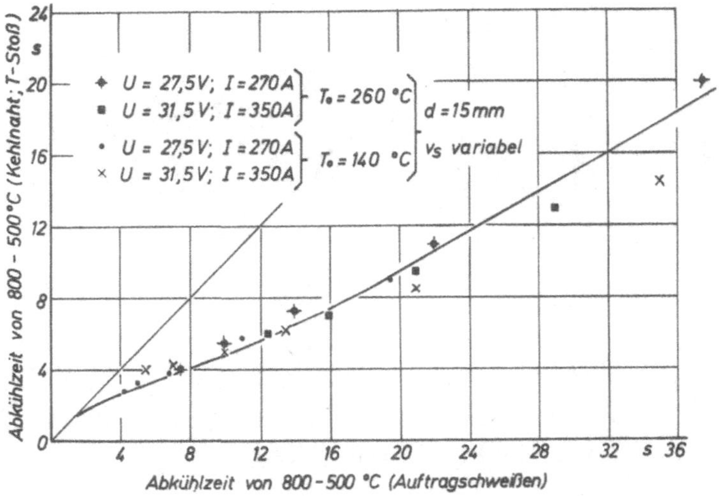

<u>Bild 65:</u> wie Bild 64, jedoch erweitert auf den Parameter Vorwärmung

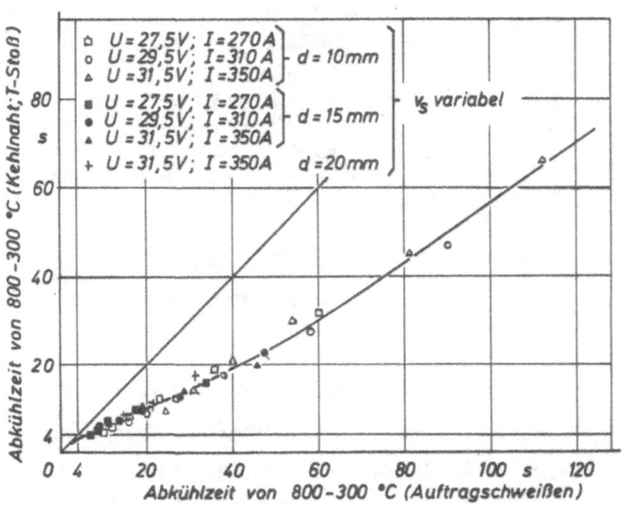

<u>Bild 66:</u> wie Bild 64, jedoch Abkühlzeit von 800 - 300 °C

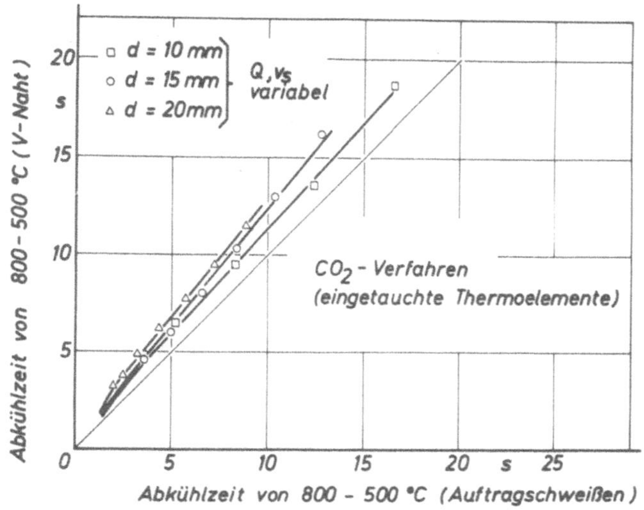

Bild 67: Experimentell ermittelter Zusammenhang zwischen der Abkühlzeit von 800 - 500°C einer V-Naht - Wurzellage und der einer Auftragraupe in Abhängigkeit der Blechdicke; v_s = 45 - 90 cm/min, Q = 7,4 - 11,0 kJ/s Fugenvorbereitung: Öffnungswinkel 50°, Steghöhe 1,5 mm, Stegabstand 0,8 mm; CO_2-Heftschweißung mit U = 24,5 V, I = 210 A, v_s = 92 cm/min

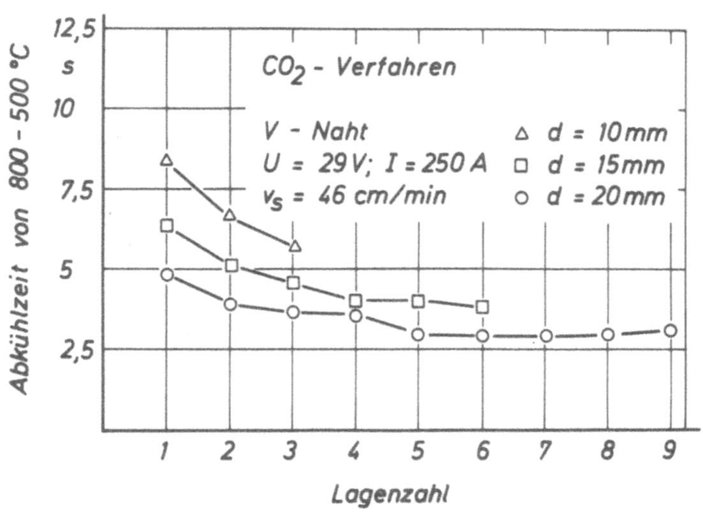

Bild 68: Abkühlzeit in Abhängigkeit von der Lagenzahl bei völliger Abkühlung nach jeder Lage, Öffnungswinkel 50°, Steghöhe 1,5 mm, Stegabstand 0,8 mm

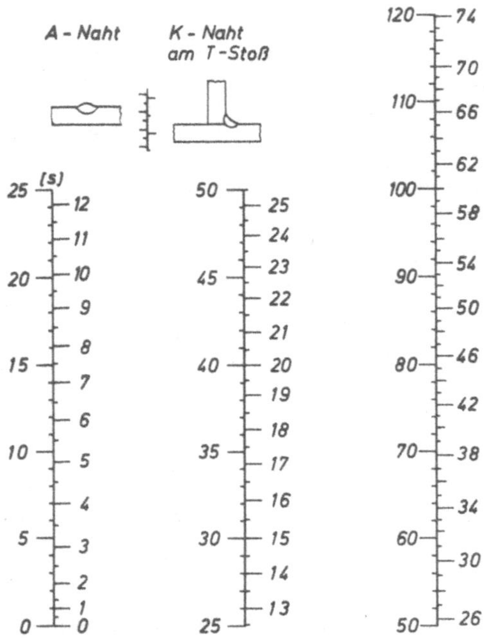

Bild 69: Nomogramm zum Ermitteln der Abkühlzeit für die jeweils andere Nahtform bei Kenntnis der Abkühlzeit für eine der beiden Nahtformen unter gleichen Schweißbedingungen (Skala gilt für die Abkühlzeiten von 800 - 500 und 800 - 300°C)

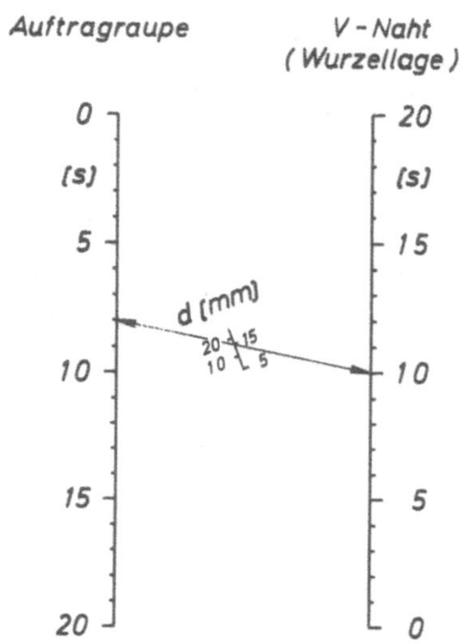

Bild 70: Nomogramm zum Ermitteln der Abkühlzeit von 800 - 500°C für die jeweils andere Nahtform bei Kenntnis der Abkühlzeit für eine der beiden Nahtformen unter gleichen Schweißbedingungen

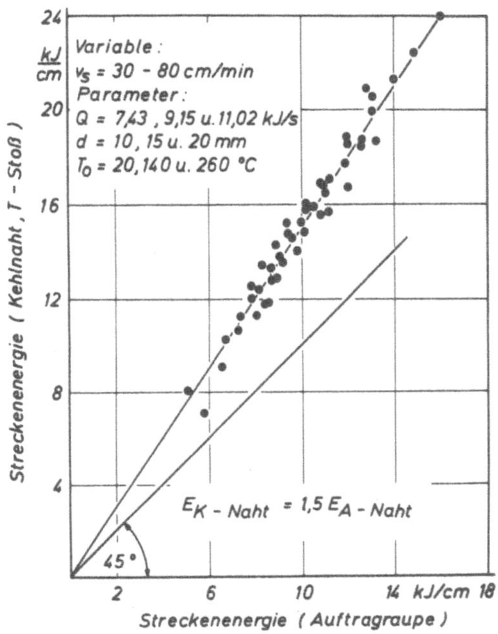

Bild 71: Vergleich der unterschiedlichen Wärmeeinbringungen (Streckenenergien), mit denen sich gleiche Abkühlzeiten von 800 - 500°C bei verschiedenen Nahtformen erzielen lassen (gilt nur bei gleichen Strom- und Spannungswerten, also der Schweißgeschwindigkeit als Variable zur Erzielung der verschiedenen Streckenenergien); Parameter: Lichtbogenleistung Q = 7,43, 9,15 und 11,02 kJ/s, Blechdicke d = 10, 15 und 20 mm, Vorwärmtemperatur T_O = 20, 140 und 260°C; Variable: v_s = 30 - 80 cm/min.

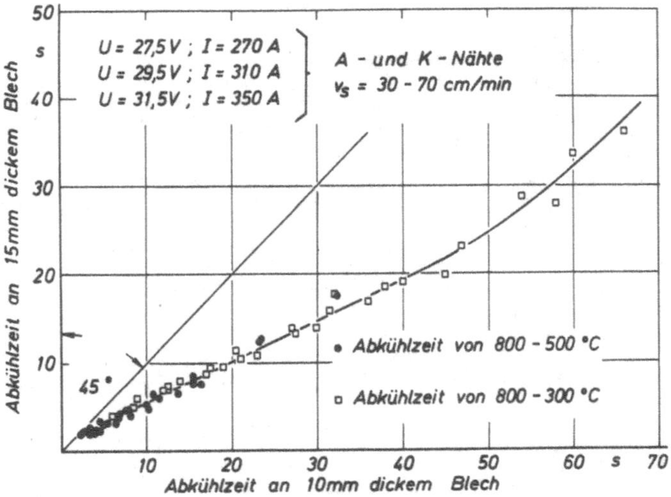

<u>Bild 72:</u> Experimentell ermittelter Zusammenhang zwischen den Abkühlzeiten bei verschiedenen dicken Blechen; T_O = 20°C, Parameter: Lichtbogenleistung, Nahtform

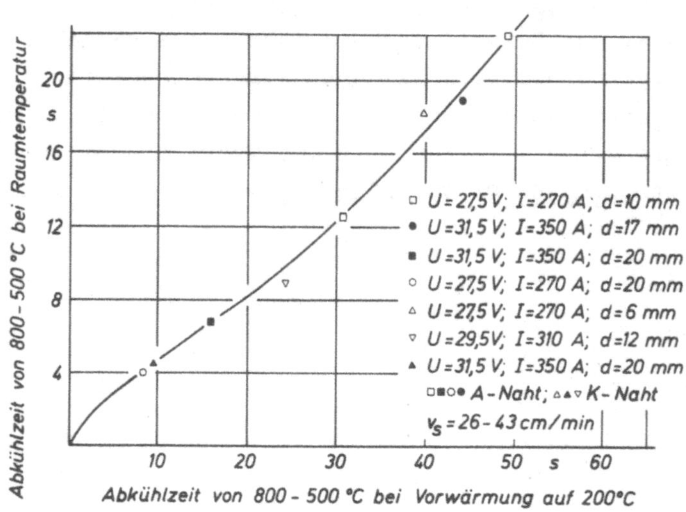

<u>Bild 73:</u> Experimentell ermittelter Zusammenhang zwischen den Abkühlzeiten von 800 - 500°C bei verschiedenen Vorwärm- bzw. Arbeitstemperaturen; Parameter: Lichtbogenleistung, Blechdicke, Nahtform

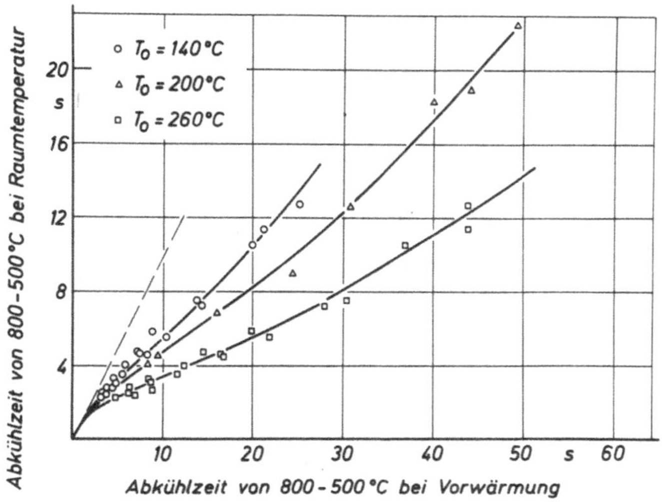

<u>Bild 74:</u> wie Bild 73, jedoch erweitert auf mehrere Vorwärmtemperaturen

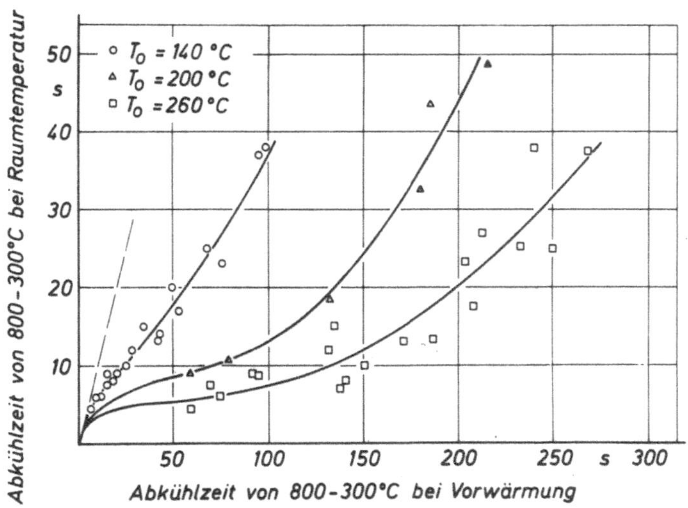

<u>Bild 75:</u> wie Bild 74, jedoch für die Abkühlzeit von 800 - 300°C

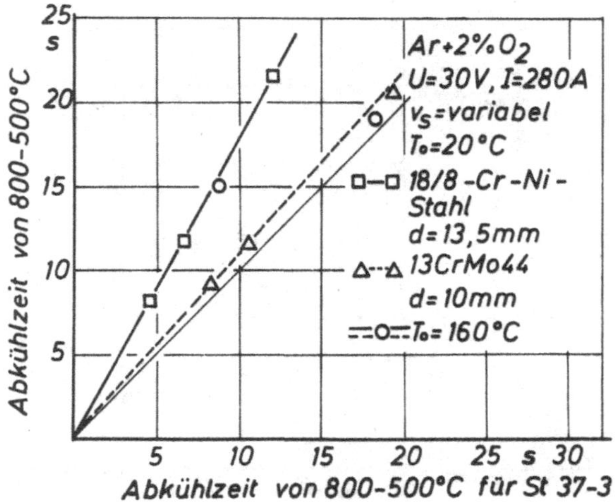

Bild 76: Experimentell ermittelter Zusammenhang zwischen den Abkühlzeiten von 800 - 500°C bei verschiedenen schweißbaren Stählen unter gleichen Schweißbedingungen

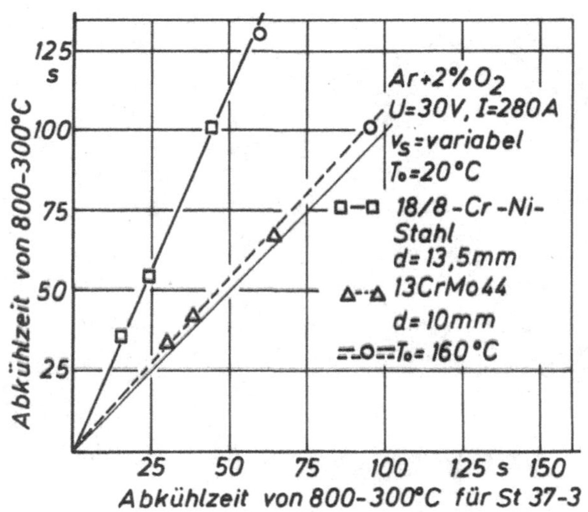

Bild 77: wie Bild 76, jedoch für die Abkühlzeit von 800 - 300°C

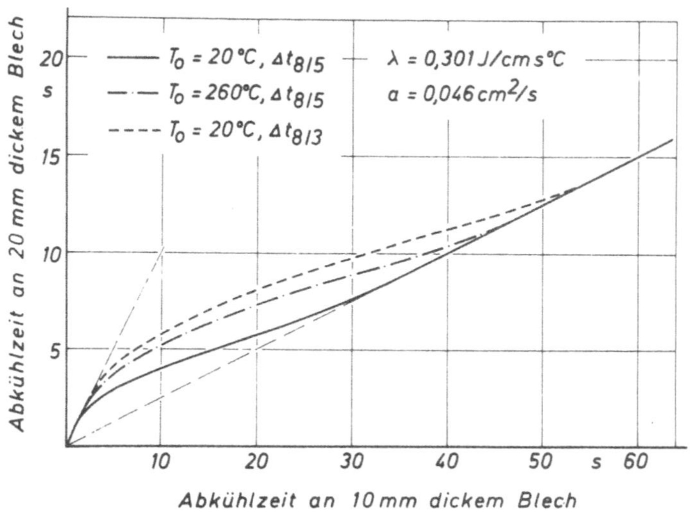

Bild 78: Gegenüberstellung von für verschiedene Blechdicken berechneten Abkühlzeiten; Parameter: Vorwärmtemperatur und die betrachtete Kenngröße (die Kurven zwischen den Geraden (Übergangsfunktionen) beschreiben den Übergang von 3- zu 2-dimensionaler Wärmeleitung)

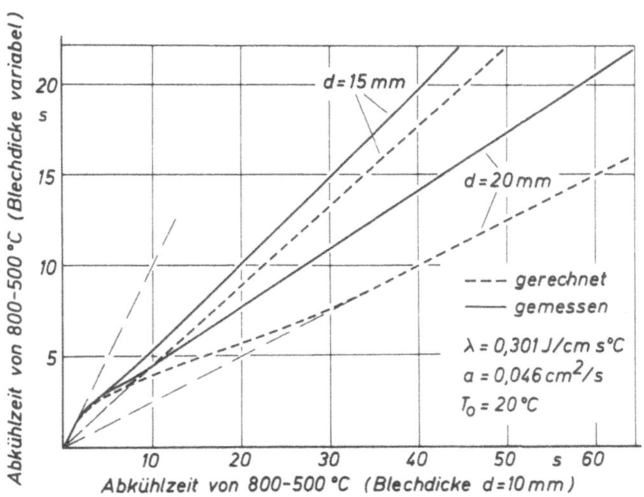

Bild 79: Gegenüberstellung von rechnerischem und tatsächlichem Zusammenhang zwischen den Abkühlzeiten von 800 - 500°C bei verschiedenen Blechdicken, bezogen auf die Abkühlzeit an 10 mm dickem Stahlblech

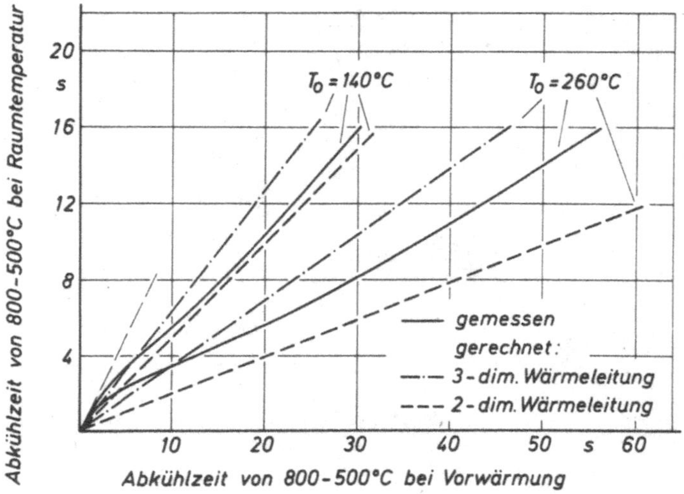

<u>Bild 80:</u> wie Bild 79, jedoch für den Einfluß der Vorwärmung (nur Angabe der rechnerischen Grenzen zwischen 3- und 2-dimensionaler Wärmeleitung, d.h. auf das Einzeichnen von Übergangsfunktionen wurde verzichtet - vergleiche Bild 78 und 79)

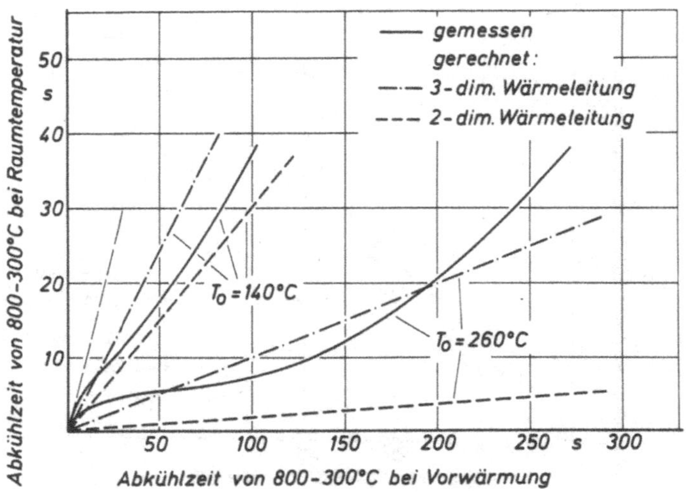

<u>Bild 81:</u> wie Bild 80, jedoch für die Abkühlzeit von 800 - 300°C

Forschungsberichte des Landes Nordrhein-Westfalen

Herausgegeben im Auftrage des Ministerpräsidenten Heinz Kühn
vom Minister für Wissenschaft und Forschung Johannes Rau

Sachgruppenverzeichnis

Acetylen · Schweißtechnik
Acetylene · Welding gracitice
Acétylène · Technique du soudage
Acetileno · Técnica de la soldadura
Ацетилен и техника сварки

Arbeitswissenschaft
Labor science
Science du travail
Trabajo científico
Вопросы трудового процесса

Bau · Steine · Erden
Constructure · Construction material · Soilresearch
Construction · Matériaux de construction · Recherche souterraine
La construcción · Materiales de construcción · Reconocimiento del suelo
Строительство и строительные материалы

Bergbau
Mining
Exploitation des mines
Minería
Горное дело

Biologie
Biology
Biologie
Biologia
Биология

Chemie
Chemistry
Chimie
Quimica
Химия

Druck · Farbe · Papier Photographie
Printing · Color · Paper · Photography
Imprimerie · Couleur · Papier · Photographie
Artes gráficas · Color · Papel · Fotografía
Типография · Краски · Бумага · Фотография

Eisenverarbeitende Industrie
Metal working industry
Industrie du fer
Industria del hierro
Металлообработывающая промышленность

Elektrotechnik · Optik
Electrotechnology · Optics
Electrotechnique · Optique
Electrotécnica · Optica
Электротехника и оптика

Energiewirtschaft
Power economy
Energie
Energía
Энергетическое хозяйство

Fahrzeugbau · Gasmotoren
Vehicle construction · Engines
Construction de véhicules · Moteurs
Construcción de vehículos · Motores
Производство транспортных средств

Fertigung
Fabrication
Fabrication
Fabricación
Производство

Funktechnik · Astronomie
Radio engineering · Astronomy
Radiotechnique · Astronomie
Radiotécnica · Astronomía
Радиотехника и астрономия

GPSR Compliance

The European Union's (EU) General Product Safety Regulation (GPSR) is a set of rules that requires consumer products to be safe and our obligations to ensure this.

If you have any concerns about our products, you can contact us on ProductSafety@springernature.com

In case Publisher is established outside the EU, the EU authorized representative is:

Springer Nature Customer Service Center GmbH
Europaplatz 3
69115 Heidelberg, Germany

Batch number: 10584556

Printed by Printforce, the Netherlands